JN134049

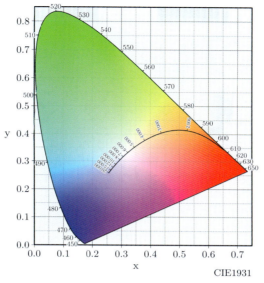

口絵 1 xy 色度図（図 **1.3**）

口絵 2 解像度の違いによる画質の変化（図 **1.5**）

(a) 原画像   (b) グレースケール画像

口絵 3 重み付き平均を用いたグレースケール画像（**図 2.2**）

(a) 原画像   (b) グラブカット処理結果

口絵 4 グラブカットによる物体抽出（**図 7.9**）

(a) 画像1   (b) 画像2   (c) 計算結果

口絵 5 オプティカルフローの計算例（**図 12.3**）

画像情報処理の基礎

田中　敏幸　【著】

コロナ社

まえがき

　近年,多くの分野で画像を扱った研究や仕事が増えてきているように思われる。以前から,画像処理や画像解析の研究者は多かったが,パターン計測,AI（artificial intelligence）,深層学習（deep learning；ディープラーニング）など,最近の流行と融合してさらに多くの人から注目されるようになったことが一つの要因だと思われる。また,OpenCV などのフリーのライブラリが充実してきたことや,これらのフリーのライブラリを C 言語だけでなく,MATLAB や Python などのプログラミング言語で扱うための手引書が多数刊行されたことも,研究などに画像処理を取り入れる契機となっている。しかし,実際に研究を行う場合,手引書では情報が不十分な場合が多く,画像処理・画像解析の専門書を読むことになる。

　本書は,情報系の大学院で行う画像解析の教科書として書かれたものである。また同時に,画像解析に興味を持った大学学部生が最初の文献として利用できるようにも心がけて執筆されている。画像解析の基礎的なテキストは多くの方々が執筆しているが,それらはおもに執筆者が所属する大学などの教科書向けのものである。したがって,それらの書籍で扱っている内容は,それを利用する大学での卒業研究や大学院での研究に必要な内容に特化していることが多い。そのため,画像処理の数学的・理論的な内容を中心としたものや,コンピュータ言語によるプログラミングに焦点を絞った章立てになっているものが多く見受けられる。研究に必要な画像解析を勉強するとき,数学的な処理やプログラミングではなく,まず必要としている処理はどのような手法により実現できるのかを理解し,その手法を処理に合わせて調整していく必要がある。

　数学的には非常に似ている処理でも,画像解析としての用途がまったく違う場合もあり,行いたい処理に対してどのような手法があるのかを見つけることは

意外に難しい。そのようなことを念頭に置き，本書では処理を中心とした章立てを心がけることにした。数学的に似ている処理が複数の章に分かれてしまったところもあるが，研究初期の段階ではそのほうが効率が良いように思われる。また，画像解析の内容についても，1枚の画像から情報を取り出す場合と，複数枚の画像から情報を取り出す場合がある。本書の構成では，1章から10章までは単独画像を解析する手法をおもに説明し，11章から14章は複数の画像から情報を得る手法を説明している。

画像解析手法そのものを研究の対象としていない多くの分野では，本書に書かれた内容を理解すれば研究に利用できると思われる。著者が専門としている医用画像解析の分野の基礎としても役に立つ内容となっている。一方，画像解析手法自体を対象とした専門的な研究では，本書の内容を基礎として，さらに発展的な手法を学ばなければならない。本書が，これから画像解析を勉強しようとする読者の一助になれば幸いである。

2019年3月

田中敏幸

目　　　次

1.　画像処理の基礎知識

1.1　画像解析に必要な処理 ……………………………………………………… *1*
1.2　色の表現方法 ………………………………………………………………… *2*
　1.2.1　3　原　色 ……………………………………………………………… *2*
　1.2.2　加法混色と減法混色 …………………………………………………… *2*
　1.2.3　色　温　度 ……………………………………………………………… *2*
1.3　表　色　系 …………………………………………………………………… *3*
　1.3.1　RGB 表色系 …………………………………………………………… *3*
　1.3.2　YIQ 表色系 …………………………………………………………… *3*
　1.3.3　HSI 表色系 …………………………………………………………… *3*
　1.3.4　XYZ 表色系 …………………………………………………………… *6*
　1.3.5　CIE-$L^*a^*b^*$ 表色系 ………………………………………………… *7*
　1.3.6　CMY 表色系 …………………………………………………………… *8*
　1.3.7　CMYK 表色系 ………………………………………………………… *9*
　1.3.8　YC_bC_r 表色系 ……………………………………………………… *9*
1.4　画像の描画方式 ……………………………………………………………… *9*
　1.4.1　ラスタスキャン方式 …………………………………………………… *9*
　1.4.2　インターレース方式 …………………………………………………… *10*
　1.4.3　プログレッシブ方式 …………………………………………………… *10*
1.5　画像ファイルの基本要素 …………………………………………………… *11*
　1.5.1　圧　縮　形　式 ………………………………………………………… *11*

- 1.5.2 ファイルフォーマット ………………………………………… *11*
- 1.5.3 画像フォーマットの課題 ………………………………………… *12*
- 1.6 画像の解像度と階調数 ………………………………………… *13*
  - 1.6.1 解像度と階調数 ………………………………………… *13*
  - 1.6.2 グレースケール画像 ………………………………………… *14*

2. 画像の変換と濃度値の補正

- 2.1 濃度・明度の調整 ………………………………………… *16*
  - 2.1.1 画像データの表現 ………………………………………… *16*
  - 2.1.2 グレースケール化処理 ………………………………………… *17*
  - 2.1.3 輝度反転処理 ………………………………………… *18*
  - 2.1.4 ポスタリゼーション ………………………………………… *19*
  - 2.1.5 バイアス変更による明度の調整 ………………………………………… *19*
  - 2.1.6 ガンマ補正 ………………………………………… *20*
  - 2.1.7 1次関数による濃淡補正 ………………………………………… *21*
- 2.2 ヒストグラムを用いた処理 ………………………………………… *21*
- 2.3 画素位置の変換 ………………………………………… *23*
  - 2.3.1 拡大縮小処理 ………………………………………… *24*
  - 2.3.2 平行移動 ………………………………………… *25*
  - 2.3.3 回転変換 ………………………………………… *25*
  - 2.3.4 せん断（スキュー）変換 ………………………………………… *26*
  - 2.3.5 反転変換 ………………………………………… *27*
- 2.4 アフィン変換に伴う濃度値の補正 ………………………………………… *28*
  - 2.4.1 最近傍補間による補正 ………………………………………… *28*
  - 2.4.2 双1次補間による補正 ………………………………………… *29*
  - 2.4.3 双3次補間による補正 ………………………………………… *30*

3. 空間フィルタ

- 3.1 雑音除去のための平滑化フィルタ *32*
  - 3.1.1 2次元線形システム *32*
  - 3.1.2 移動平均フィルタ *33*
  - 3.1.3 加重平均フィルタ *34*
  - 3.1.4 バイラテラルフィルタ *35*
- 3.2 順序統計に基づく非線形フィルタ *36*
  - 3.2.1 メディアンフィルタ *36*
  - 3.2.2 加重メディアンフィルタ *37*
  - 3.2.3 ランクオーダフィルタ *38*
- 3.3 エッジを抽出するフィルタ *39*
  - 3.3.1 微分フィルタ *39*
  - 3.3.2 雑音を抑えた微分フィルタ *41*
  - 3.3.3 2次微分フィルタ *43*
  - 3.3.4 キャニーフィルタ *44*
  - 3.3.5 鮮鋭化フィルタ *46*

4. フーリエ変換とフィルタリング

- 4.1 フーリエ変換 *48*
  - 4.1.1 2次元フーリエ変換 *48*
  - 4.1.2 周波数空間における特徴量 *49*
  - 4.1.3 フーリエ変換の性質 *49*
- 4.2 高速フーリエ変換（FFT） *51*
  - 4.2.1 1次元時間間引き型FFT *51*

4.2.2　2次元高速フーリエ変換·· 55
 4.3　周波数空間におけるフィルタリング·· 56
   4.3.1　低域通過フィルタによる雑音除去·· 56
   4.3.2　高域通過フィルタによるエッジ抽出······································ 58

5. 多重解像度による画像処理

 5.1　画像ピラミッド·· 60
   5.1.1　ガウシアンピラミッド·· 60
   5.1.2　ラプラシアンピラミッド·· 61
 5.2　短時間フーリエ変換·· 62
 5.3　1次元ウェーブレット変換·· 63
   5.3.1　1次元連続ウェーブレット変換·· 64
   5.3.2　1次元直交ウェーブレット変換·· 67
   5.3.3　1次元離散ウェーブレット変換·· 70
 5.4　2次元ウェーブレット変換·· 73
   5.4.1　2次元連続ウェーブレット変換·· 73
   5.4.2　2次元離散ウェーブレット変換·· 74

6. 2値化とモルフォロジー演算

 6.1　固定閾値法による2値化·· 78
 6.2　自動閾値決定法による2値化·· 79
   6.2.1　p タ イ ル 法·· 79
   6.2.2　モ ー ド 法·· 79
   6.2.3　判別分析による2値化·· 80
   6.2.4　大津の2値化の応用·· 83

6.3 動的閾値決定法 ……………………………………………… 83
    6.3.1 移動平均法 ……………………………………………… 84
    6.3.2 部分画像分割法 ………………………………………… 84
6.4 ラベリング …………………………………………………… 85
6.5 モルフォロジー演算 ………………………………………… 86
    6.5.1 膨張処理と収縮処理 …………………………………… 86
    6.5.2 オープニングとクロージング ………………………… 87

7. 線分と輪郭の抽出

7.1 直線成分の抽出 ……………………………………………… 89
7.2 Watershed 法による領域分割 ……………………………… 91
7.3 動的輪郭モデルによる境界の抽出 ………………………… 92
    7.3.1 Snakes ………………………………………………… 92
    7.3.2 レベルセット法 ………………………………………… 94
7.4 前景と背景の分離 …………………………………………… 96
    7.4.1 グラフカット …………………………………………… 96
    7.4.2 グラブカット …………………………………………… 98
    7.4.3 グローカット …………………………………………… 101
7.5 領域拡張法 …………………………………………………… 102
    7.5.1 単純領域拡張法 ………………………………………… 102
    7.5.2 反復型領域拡張法 ……………………………………… 102
    7.5.3 分離・統合法 …………………………………………… 103

8. 特徴量の算出

8.1 形状特徴量 …………………………………………………… 104
8.2 テクスチャ特徴量 …………………………………………… 107

| 8.2.1 濃度ヒストグラム法 ……………………………………… 107
| 8.2.2 同時生起行列法 ………………………………………… 109
| 8.2.3 ランレングス行列法 …………………………………… 112
| 8.3 高次局所自己相関特徴 ………………………………………… 114

9. 特徴量による分析法

| 9.1 特徴量の検定 ………………………………………………… 116
| 9.1.1 F 検 定 ………………………………………………… 116
| 9.1.2 t 検 定 ………………………………………………… 117
| 9.2 重回帰分析 …………………………………………………… 118
| 9.3 主成分分析 …………………………………………………… 121
| 9.3.1 分析の手順 ……………………………………………… 122
| 9.3.2 主成分の寄与率 ………………………………………… 123
| 9.4 判別分析 ……………………………………………………… 124
| 9.5 クラスタ分析 ………………………………………………… 126
| 9.5.1 階層的クラスタリング ………………………………… 127
| 9.5.2 k-means 法 ……………………………………………… 129

10. 機械学習による分析

| 10.1 ニューラルネットワーク …………………………………… 131
| 10.1.1 パーセプトロン ……………………………………… 131
| 10.1.2 誤差逆伝搬法 ………………………………………… 132
| 10.2 サポートベクトルマシン ……………………………………… 135
| 10.2.1 最大マージン分類器 ………………………………… 135
| 10.2.2 重なりのあるクラス分布 …………………………… 139
| 10.2.3 カーネルトリック …………………………………… 142

11. 画像の位置合わせ

- 11.1 フーリエ変換の性質 ……………………………………………… 144
  - 11.1.1 1次元相関積分のフーリエ変換 …………………………… 144
  - 11.1.2 離散時間における1次元相関とフーリエ変換 …………… 145
  - 11.1.3 2次元相関積分のフーリエ変換 …………………………… 145
  - 11.1.4 離散時間における2次元相関とフーリエ変換 …………… 146
- 11.2 位相限定相関法 …………………………………………………… 147
  - 11.2.1 位相限定相関法による移動量の算出 ……………………… 148
  - 11.2.2 サブピクセル化による画像移動量の高精度推定 ………… 149
  - 11.2.3 回転・拡大への対応 ………………………………………… 152

12. オプティカルフロー

- 12.1 基本式によるブロックマッチング法 …………………………… 154
- 12.2 Lucas-Kanade 法 ………………………………………………… 158
- 12.3 オプティカルフローの応用 ……………………………………… 161
  - 12.3.1 画像中の移動物体の認識 …………………………………… 162
  - 12.3.2 ロボットビジョン …………………………………………… 162
  - 12.3.3 顔の表情の変化の追跡 ……………………………………… 162
  - 12.3.4 流体の動きの可視化 ………………………………………… 163

13. ステレオ画像処理

- 13.1 3次元画像計測の種類 …………………………………………… 164
- 13.2 カメラモデル ……………………………………………………… 166

	13.2.1	ピンホールカメラモデル ································· 166
	13.2.2	画像解析におけるカメラモデル ······················ 167
	13.2.3	画像の投影法 ··································· 167
13.3	座標間の幾何学的関係 ··· 168
13.4	空間位置の計測 ·· 171
13.5	ステレオビジョン ··· 173

14. 画 像 超 解 像

14.1	単 純 拡 大 ·· 176
14.2	線 形 補 間 ·· 177
14.3	FCBI 方 式 ·· 180
14.4	厳密な意味での超解像 ·· 185
14.5	超解像の画像縮小 ··· 186
14.6	超解像の応用 ·· 187

引用・参考文献 ·· 188

索　　　引 ·· 189

1 画像処理の基礎知識

　この章では，画像解析を行う際に必要な画像処理の基礎知識について説明する。医用や美容の分野における画像解析では，染色の色や肌の色など，色の情報が重要な特徴となる場合が多い。医用・美容画像に限らず，情報系の他の分野で行われている画像処理においても，色情報は基礎知識として必要である。本章では，色情報，特に表色系について多くの紙面を割く。また，画像の描画方式やファイルフォーマットなどについても言及する。実際の研究では，これらの情報を基本としてどのような処理を行うかを考えていく必要がある。

1.1 画像解析に必要な処理

　画像解析では，つぎの三つのステップが必要となる。おもに画像の前処理の部分を画像処理と呼び，その後の分析を含めたものを画像解析と呼ぶことが多い。
1. 画像の前処理：画像から必要な情報を精度良く得るために，画像のコントラスト修正，雑音除去などを行う。
2. 画像の特徴量解析：画像中で注目している対象の形状や模様の数値化を行う。
3. 特徴量の判別：2. で得られた特徴量に対して統計解析や機械学習を行うことにより，画像中の対象の判別分析を行う。

1.2　色の表現方法

1.2.1　3　原　色

物体に照射する電磁波の波長が異なると，知覚する色が異なる。可視光は波長が380〜810 nm の電磁波であり，波長が 380 nm よりもやや短い電磁波を紫外線，810 nm よりもやや長い電磁波を赤外線と呼ぶ。互いに独立した三つの色のことを3原色あるいは3原刺激という。可視光は赤，緑，青の3色に対応する波長の混ざった電磁波となっている。

1.2.2　加法混色と減法混色

パソコンのモニタなどのように光を用いて色を表現する場合，基本となるのは RGB 表色系である。

表色系は混色系と顕色系に分けられる。CIE-RGB 表色系と CIE-XYZ 表色系は代表的な混色系であり，マンセル表色系は代表的な顕色系である。

混色系は，さらに加法混色と減法混色に分けられる。RGB は加法混色における代表的な3原色であり，CMY は減法混色における代表的な3原色である。モニタなどのように光を使う場合は加法混色 RGB であり，プリンタなどのようにインクを使う場合は減法混色 CMY である。

1.2.3　色　温　度

黒体の絶対温度を基準として色を温度で表したものを色温度といっている。色温度が低いと長波長側で相対エネルギーが高い分光分布となり，黄色っぽい色になる。また，色温度が高いと短波長側で相対エネルギーが高くなり，青色がかった色になる。JIS（Japanese Industrial Standards; 日本工業規格）では，標準光をつぎのように規定している。K は絶対温度の単位を表す。

(1)　白熱灯：2 856 K（標準光 A）

(2) 紫外線を含む昼光：6500 K（標準光 D65）
(3) 昼間の平均光：6770 K（標準光 C）

1.3 表　色　系

1.3.1 RGB 表色系

3原色を R（赤, 700 nm），G（緑, 546.1 nm），B（青, 435.8 nm）とする表色系を CIE-RGB 表色系という。これは現在のパソコンで最も多く用いられる表色系である。CIE（Commission Internationale de l'Éclairage；国際照明委員会）によって定められている。

1.3.2 YIQ 表色系

YIQ 表色系はカラーテレビに採用された表色系である。カラー以前の旧モノクロ受信機でカラー電波を受信でき，再生できるという条件に合った表色系となっている。アナログテレビ時代の表色系なので，カラーテレビに利用されることはないが，YIQ それぞれの色成分は，画像解析に利用することができる。RGB 表色系との変換公式は，つぎのように表すことができる。これは，日本および米国のビデオ信号規格（NTSC 信号規格）として使用されている。

$$\begin{bmatrix} Y \\ I \\ Q \end{bmatrix} = \begin{bmatrix} 0.299 & 0.587 & 0.114 \\ 0.596 & -0.274 & -0.322 \\ 0.211 & -0.522 & 0.311 \end{bmatrix} \begin{bmatrix} R \\ G \\ B \end{bmatrix} \quad (1.1)$$

1.3.3 HSI 表色系

RGB 色空間では，人間の感覚に合った色彩に関する処理を行うことは難しい。そこで，RGB 表色系を，直観的にわかりやすいマンセル表色系に近い色相（hue）H，彩度（saturation）S，明度（intensity）I に変換して解析することがある。HSI は HSV（hue, saturation, value），HSB（hue, saturation, brightness）などと呼ばれることもある。RGB 空間から HSI 空間への変換を HSI 変換という。変換の方法にはいくつかあるが，代表的なものとして，6 角錐モデルを利用したものと双 6 角錐モデルを利用したものがある。

（1） 6 角錐モデル 　　6 角錐モデルを**図 1.1** に示す。6 角錐モデルでは，次式を用いて RGB 表色系の画像を HSI 表色系に変換することができる。

$$I_{\max} = \max\{R,\ G,\ B\}$$

$$I_{\min} = \min\{R,\ G,\ B\}$$

$$I = I_{\max} \tag{1.2}$$

$$S = \frac{I_{\max} - I_{\min}}{I_{\max}} \tag{1.3}$$

$$r = \frac{I_{\max} - R}{I_{\max} - I_{\min}}$$

$$g = \frac{I_{\max} - G}{I_{\max} - I_{\min}}$$

$$b = \frac{I_{\max} - B}{I_{\max} - I_{\min}}$$

$$H = \frac{\pi}{3}(b - g) \qquad (R = I_{\max}) \tag{1.4}$$

$$H = \frac{\pi}{3}(2 + r - b) \qquad (G = I_{\max}) \tag{1.5}$$

$$H = \frac{\pi}{3}(4 + g - r) \qquad (B = I_{\max}) \tag{1.6}$$

また，$H < 0$ のときは H に 2π を加える。$I_{\max} = 0$ のときは $S = 0$，$H = \text{indefinite}$ となる。

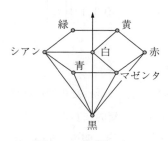

図 **1.1**　6 角錐モデル

（**2**） **双 6 角錐モデル**　双 6 角錐モデルを**図 1.2**に示す。双 6 角錐モデルでは，次式を用いて RGB 表色系の画像を HSI 表色系に変換する。

$$I_{\max} = \max\{R,\ G,\ B\}$$

$$I_{\min} = \min\{R,\ G,\ B\}$$

$$I = \frac{I_{\max} - I_{\min}}{2} \tag{1.7}$$

$$S = (I_{\max} - I_{\min})(I_{\max} + I_{\min}) \qquad (I \leqq 0.5 \text{ のとき}) \tag{1.8}$$

$$S = (I_{\max} - I_{\min})(2 - (I_{\max} + I_{\min})) \quad (I > 0.5 \text{ のとき}) \tag{1.9}$$

$$r = \frac{I_{\max} - R}{I_{\max} - I_{\min}}$$

$$g = \frac{I_{\max} - G}{I_{\max} - I_{\min}}$$

$$b = \frac{I_{\max} - B}{I_{\max} - I_{\min}}$$

$$H = \frac{\pi}{3}(b - g) \qquad (R = I_{\max}) \tag{1.10}$$

$$H = \frac{\pi}{3}(2 + r - b) \qquad (G = I_{\max}) \tag{1.11}$$

$$H = \frac{\pi}{3}(4 + g - r) \qquad (B = I_{\max}) \tag{1.12}$$

また，$H < 0$ のときは H に 2π を加える。$I_{\max} = I_{\min}$ のときは $S = 0$，$H = \text{indefinite}$ となる。

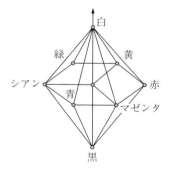

図 **1.2**　双 6 角錐モデル

1.3.4 XYZ 表色系

RGB 表色系は色知覚の良い近似であるが,色を完全に合成できるわけではない。RGB の係数に負の値を許可することによって問題を解決することができるが,取り扱いが不便になる。そこで,RGB 表色系を 1 次変換で負の値が出ないように修正したものが XYZ 表色系である。XYZ 表色系は,CIE の定める表色系の基礎となっている。

$$X = 100\left(0.3933\left(\frac{R}{255}\right)^{2.2} + 0.3651\left(\frac{G}{255}\right)^{2.2} + 0.1903\left(\frac{B}{255}\right)^{2.2}\right)$$

$$Y = 100\left(0.2123\left(\frac{R}{255}\right)^{2.2} + 0.7010\left(\frac{G}{255}\right)^{2.2} + 0.0858\left(\frac{B}{255}\right)^{2.2}\right)$$

$$Z = 100\left(0.0182\left(\frac{R}{255}\right)^{2.2} + 0.1117\left(\frac{G}{255}\right)^{2.2} + 0.9570\left(\frac{B}{255}\right)^{2.2}\right)$$

(1.13)

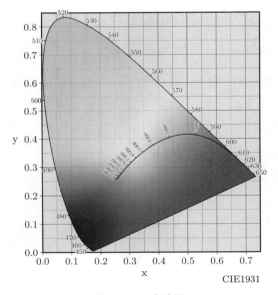

図 1.3　xy 色度図

XYZ 表色系では数値と色の関連がわかりにくい。そこで，XYZ 表色系から絶対的な色合いを表現するために xyz 表色系が考案された。

$$x = \frac{X}{X+Y+Z} \tag{1.14}$$

$$y = \frac{Y}{X+Y+Z} \tag{1.15}$$

$$z = \frac{Z}{X+Y+Z} \tag{1.16}$$

上式は $x+y+z=1$ の関係があるので，x, y のみの 2 次元座標系での表現がよく用いられている。この 2 次元座標表示は xy 色度図と呼ばれ，図 1.3（口絵 1）に示す図がよく用いられている。

1.3.5 CIE-L*a*b* 表色系

均等色空間というのは uniform color space のことをいう。色空間上での距離・間隔が，知覚的な色の距離・間隔に類似するよう設計されている空間である。色の物理的な差異よりも，人間の知覚上での差異に主眼を置いた色空間となっている。工業的には，工業製品の色彩の管理に要請される。CIE-L*a*b* 表色系は均等色空間の代表例である。CIE が均等知覚色空間の標準化のために推奨した表色系が，CIE-L*a*b* 表色系（エルスター・エースター・ビースター，一般的にはシーラブとも読まれる）である。正式名は，CIE1976（L*a*b*）空間という。この表色系は 3 刺激値 X, Y, Z で均等色空間を近似することを目的として設計されている。CIE-L*a*b* は，図 1.4 で表される色空間となっている。

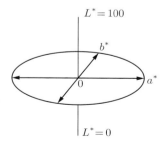

図 1.4　CIE-L*a*b* 表色系

$$L^* = 116 \left(\frac{Y}{Y_0}\right)^{1/3} - 16 \tag{1.17}$$

$$a^* = 500 \left(\left(\frac{X}{X_0}\right)^{1/3} - \left(\frac{Y}{Y_0}\right)^{1/3}\right) \tag{1.18}$$

$$b^* = 200 \left(\left(\frac{Y}{Y_0}\right)^{1/3} - \left(\frac{Z}{Z_0}\right)^{1/3}\right) \tag{1.19}$$

上式において，X_0, Y_0, Z_0 は，一般的に $Y_0 = 100$ とされており，色度座標から計算した各値は**表 1.1** のようになっている。

表 1.1 CIE-L*a*b* における X_0, Y_0, Z_0 の値

光の種類	X_0	Y_0	Z_0
白熱灯	109.87	100	35.59
紫外線を含む昼光	95.05	100	108.91
昼間の平均光	98.04	100	118.12

ある色 (L_1^*, a_1^*, b_1^*) と他の色 (L_2^*, a_2^*, b_2^*) との色差を求めるには，つぎのように色度座標のユークリッド距離 D を求める。

$$D = \sqrt{(L_1^* - L_2^*)^2 + (a_1^* - a_2^*)^2 + (b_1^* - b_2^*)^2} \tag{1.20}$$

1.3.6　CMY 表色系

CMY 表色系は色の 3 原色を基本とした表色系で，カラーインクの表色系として用いられる。最近のインクジェットカラープリンタでよく用いられる表色系である。RGB 表色系から変換することができる。

$$C = 255 - R \tag{1.21}$$

$$M = 255 - G \tag{1.22}$$

$$Y = 255 - B \tag{1.23}$$

1.3.7 CMYK表色系

CMYK 表色系は CMY に K（黒）を加えた表色系であり，RGB 表色系から変換することができる。UCR(k) は色度除去を意味し，UCR(k) と BG(k) はインクの特性によって変わる関数である。

$$c = 255 - R \tag{1.24}$$
$$m = 255 - G \tag{1.25}$$
$$y = 255 - B \tag{1.26}$$
$$k = \min(c, m, y) \tag{1.27}$$
$$C = \min(255, \max(0, c - \mathrm{UCR}(k))) \tag{1.28}$$
$$M = \min(255, \max(0, m - \mathrm{UCR}(k))) \tag{1.29}$$
$$Y = \min(255, \max(0, y - \mathrm{UCR}(k))) \tag{1.30}$$
$$K = \min(255, \max(0, \mathrm{BG}(k))) \tag{1.31}$$

1.3.8 YC_bC_r 表色系

テレビや画像圧縮で用いられる表色系で，Y（輝度），C_b（青色差），C_r（赤色差）を成分としている。

$$\begin{bmatrix} Y \\ C_b \\ C_r \end{bmatrix} = \begin{bmatrix} 0.299\,00 & 0.587\,00 & 0.114\,00 \\ -0.168\,74 & -0.331\,26 & 0.500\,00 \\ 0.500\,00 & -0.418\,69 & -0.081\,31 \end{bmatrix} \begin{bmatrix} R \\ G \\ B \end{bmatrix} + \begin{bmatrix} 0 \\ 128 \\ 128 \end{bmatrix} \tag{1.32}$$

1.4 画像の描画方式

1.4.1 ラスタスキャン方式

液晶テレビやパソコン用液晶ディスプレイに採用されている描画方式をラスタスキャン方式という。この方式では，受信した画像を水平方向の走査線に沿っ

て画素単位で配置し，帯状の1列の画像を表示する。そして，つぎの段に移って同じように走査線に沿って1列の画像を表示し，これを垂直方向に複数回繰り返して1枚の画像を表示する。ラスタスキャンの特徴は，1画面全部を描画する点にある。例えば，画像全体の中の小さな部分を書き換える場合でも，画面全体を書き換える必要がある。この更新速度をフレームレートという。ラスタスキャン方式は，さらにインターレース方式とプログレッシブ方式の2種類に分かれる。

1.4.2 インターレース方式

リフレッシュレート（1秒間当りの画像の切り替え回数）が高いほど（すなわち，フレームレートが速いほど）滑らかな動画再生を行うことができる。リフレッシュレートが高いということは，映像データの伝送レートが増加することを意味する。そこで，伝送レートを一定にして，リフレッシュレートを上げる方法として取り入れられたものがインターレース方式である。1フレーム分の映像を静止画と見なし，奇数ラインのみの画像と偶数ラインのみの画像に分解する。受信側では，受信した2種類の異なる静止画を組み合わせて1フレーム分の画像に戻す。このように2枚の画像で1フレーム構成する方式を，2:1インターレース方式という。

1.4.3 プログレッシブ方式

インターレース方式の映像は，静止画を表示させると隙間のある映像となる。インターレース方式に対して，1フレームをそのままの映像として伝送する方式のことを，プログレッシブ方式またはノンインターレース方式という。プログレッシブ方式では，所定のリフレッシュレートで1フレームの映像を伝送するので，リフレッシュレートが60Hzの場合には，1秒で60枚のフレームを伝送する。つまり，インターレース方式の2倍の伝送レートが必要になる。

1.5 画像ファイルの基本要素

1.5.1 圧縮形式

画像には，なんらかの手法で圧縮したものと圧縮していないものがある．圧縮の有無および圧縮の種類がファイルフォーマットに最も大きな影響を与えている．

（1） 圧縮と非圧縮　パソコンで最もよく用いられるのが，非圧縮の BMP である．BMP フォーマットの画像は，作るのも読み出すのも簡単なので，小さなプログラムで実現が可能となっている．

GIF 形式や PNG 形式は，元の画像に完全に戻る圧縮形式を採用しており，可逆圧縮といわれている．圧縮率は一般のファイル圧縮とそれほど変わらない．

デジタルカメラなどで利用されている JPEG 形式は，少々画質が落ちてもよいから圧縮率を高めたいという要望で考案された圧縮形式である．

（2） 色の表現　画像は画素ごとに色を持っている．色の格納方式は，大きく分けて TrueColor とインデックスカラーに分けられる．TrueColor は RGB などの組み合わせで絶対的に色を表現する．R, G, B それぞれを 8 ビットの階調値で表したとき，画素ごとに 16 777 216 色を表現することができる．また，TrueColor に対して，16 色，256 色などの色テーブルを定義しておいて，そのインデックス位置で相対的に色を表現する方法をインデックスカラーという．

（3） その他　そのほかの要素として，画像の透過度や先に示したインターレースなどの機能が含まれる．

1.5.2 ファイルフォーマット

（1） 非圧縮 BMP　Windows 1.0 が公開されたときに採用された古いファイル形式である．Windows では標準的に使われている．非圧縮のためデータ容量が大きくなるが，画像処理にはよく利用される．

（2） PNG　PNG 形式は，圧縮による画像の劣化のない可逆圧縮を

採用している。透明もサポートされているので，GUIの部品を作るのに適している。

（3）JPEG　　JPEGはさまざまな種類が提案されている。その中で，JFIF（JPEG File Interchange Format）がほぼ標準になっている。ほとんどのデジタルカメラが採用しているファイル形式で，非圧縮，可逆圧縮や透過度は適用されない。JPEG2000は透過度以外は実装されている万能形式である。

1.5.3　画像フォーマットの課題

イメージセンサによって被写体画像を取得し，コンピュータに転送して適切な処理を施してディスプレイに表示するという画像処理の過程には，画像を一時的に保存する作業が必要となる場合が多い。そのため，画像データを一定の取り決め（プロトコル）に従って保存するためのフォーマットが必要になる。

異なる型番のイメージセンサでは周波数特性が異なっているため，取得した画像の色は完全には一致していない。また，センサの性能にもよるが，モザイクがかかっている場合もある。そのような場合には，デモザイキングしてから保存する必要がある。フォーマットの課題というよりセンサの問題点ということになるかもしれないが，画像処理関連の研究では，イメージセンサの性能と処理方法を並行して考えていく必要がある。

イメージセンサ（CCDカメラ）とディスプレイの表現能力の違いについても考えておく必要がある。一般的なCCDカメラでは，RGBそれぞれが8ビット（256階調）で表現されているが，医用画像で扱われているDICOMフォーマットでは12ビット（4 096階調）で表現されている。医療用の特殊なディスプレイを使えば表示できるが，一般的に普及しているディスプレイでは表示することができない。ダイナミックレンジと非線形ガンマ曲線についてもイメージセンサごとに違いがあるので，処理の際に気をつける必要がある。

また，近年のイメージセンサは解像度が高くなり高画質になっている反面，データ量が大きくなりすぎている。画像処理を行う際に大きなメモリ空間が必要になり，それを処理できる能力を持ったコンピュータが必要になっている。

実用的には高画質の画像が必要であるが，コンピュータの能力の限界のため，低解像度で扱わなければならないこともある．大容量のデータを圧縮する手段と，圧縮データのまま処理するアルゴリズムの開発が必要となる．

1.6 画像の解像度と階調数

1.6.1 解像度と階調数

アナログの映像をディジタル信号に変換するとき，離散的な位置における信号を取り出す操作と，有限分解能の範囲で数値に変換する量子化を行う．2次元的な離散位置として，等間隔の格子状に配置した標本点を利用することが多く，この標本点のことを画素またはピクセル（pixel）と呼ぶ．また，この標本点の多さの指標を解像度という．解像度の違いによる画質の変化を**図 1.5**（口絵 2）に示す．解像度が 128×128 画素以下になると，見た目の画質が急激に

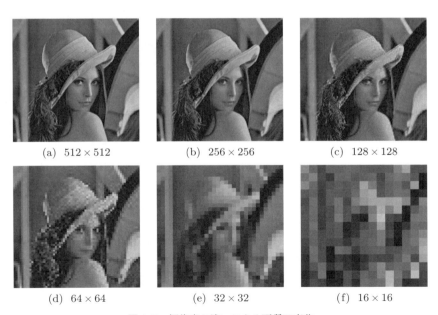

(a) 512×512 (b) 256×256 (c) 128×128

(d) 64×64 (e) 32×32 (f) 16×16

図 **1.5** 解像度の違いによる画質の変化

悪くなる。

量子化された各画素の値を画素値（pixel value）と呼ぶ。この画素値は何ビットで量子化されたかによって段階数が決まる。この段階数のことを量子化レベル数あるいは階調数という。一般的には，8ビット量子化が行われることが多く，この場合には $2^8 = 256$ 段階の量子化レベル数になる。

同じ対象物の撮影でも，画像の解像度や各画素の階調数が変わると，見え方がまったく変わってしまう。階調数の違いによる画質の変化を図 1.6 に示す。図を見ると，16 階調以下の量子化数の画像は，画質が悪いように見える。

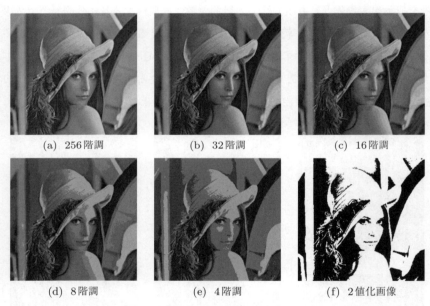

(a) 256 階調　　(b) 32 階調　　(c) 16 階調

(d) 8 階調　　(e) 4 階調　　(f) 2 値化画像

図 1.6　階調数の違いによる画質の変化

1.6.2　グレースケール画像

CCD カメラなどで撮影された画像は，RGB それぞれ 8 ビット・256 階調で表現され，16 777 216 色（256×256×256 色）を表現することができる。医用画像では 12 ビット・4 096 階調で表現される場合もある。階調が高いと微妙な明

るさの変化を表現することができる。単色で光の強さだけを表現したものを，グレースケール画像あるいは濃度画像という。

RGB 成分を持つカラー画像をグレースケール画像に変換するには，RGB 表色系画像を YIQ 表色系画像に変換する際の Y 成分の計算式を用いる。

$$Y = 0.299R + 0.587G + 0.114B \tag{1.33}$$

また，グレースケール画像の特殊なものとして，最高濃度値と最低濃度値の 2 色で表現された画像を 2 値化画像という。2 値化画像の例を図 1.6 (f) に示している。

2 画像の変換と濃度値の補正

この章では，画像の前処理として各画素の濃度・明度の調整方法，アフィン変換，画像の変換に伴う濃度値の補正について説明する。アフィン変換によって画像の拡大・縮小，回転などを行ったとき，画像の濃度値に変化が生じる。ここでは，その補正方法などについても説明している。

2.1 濃度・明度の調整

画像の色成分画像，グレースケール画像は濃度画像とも呼ばれる。ここでは前処理として，画像濃度処理などを行う方法について説明する。画像データは数学的には行列として扱うことができる。行列の各要素が濃度値になっていると考えればよい。

2.1.1 画像データの表現

画像の最小単位は画素（pixel; ピクセル）であり，各画素に，R, G, B などに対応する濃度値（輝度値）が割り当てられている。画像データの表現例を図

123	123	145	156	145	123
124	124	145	155	144	111
122	123	133	144	122	123
134	134	133	156	165	145

図 2.1　画像データの表現例

2.1 に示す。一般的な画像の濃度値は，最小値 0，最大値 255 の 256 階調（8ビット）で表現される。

2.1.2 グレースケール化処理

（ 1 ） **R, G, B 各成分画像の単純平均によるグレースケール化**　　各画素のRGB成分の値を単純平均することによって，グレースケール画像を作成することができる。RGB各成分の濃度値を R, G, B，グレースケール化した濃度値を Y とすると，つぎの式によって濃度値を変換することができる。

$$Y = \frac{R + G + B}{3} \tag{2.1}$$

（ 2 ） **重み付き平均によるグレースケール化**　　グレースケール化の他の方法として，RGBの各成分に対して重みを付けて加算する方法がある。RGB各成分の濃度値を R, G, B，グレースケール化した濃度値を Y とすると，つぎの式がよく用いられる。これは，RGB表色系の画像をYIQ表色系に変換する際の Y 成分の値のみを用いる場合に相当する。

$$Y = 0.299R + 0.587G + 0.114B \tag{2.2}$$

重み付き平均によるグレースケール化の例を図 **2.2**（口絵 3）に示す。

(a)　原画像　　　　　　(b)　グレースケール画像

図 **2.2**　重み付き平均を用いたグレースケール画像

(**3**) **R, G, B 各成分の最大値によるグレースケール化**　上記の方法に比べるとそれほど使われることはないが，各画素の RGB 成分濃度値の最大値を利用してグレースケール化する方法もある。この場合，RGB 各成分の濃度値を R, G, B，グレースケール化した濃度値を Y とすると，つぎのようになる。

$$Y = \max(R, G, B) \tag{2.3}$$

いずれのグレースケール画像についても，最小値 0 が黒，最大値 255 が白に割り当てられて表示される。

2.1.3　輝度反転処理

画像の濃度値の変換処理として，輝度反転処理がよく知られている。画素の輝度値を I_{in}，変換後の値を I_{out} とすると，255 階調のグレースケール画像の場合，この処理はつぎのように定式化される。

$$I_{\text{out}} = 255 - I_{\text{in}} \tag{2.4}$$

輝度反転処理の例を**図 2.3** に示す。この図は，8 ビットのグレースケール画像に対して輝度反転処理を行ったものである。

(a) グレースケール画像　　(b) 輝度反転処理をした画像

図 2.3　輝度反転処理により明るさを変えた画像

2.1.4 ポスタリゼーション

一般的に扱われている画像は，RGB の 1 チャネル当り 8 ビット（256 階調）となっている．この量子化数を減らす処理（色を減らす処理）をポスタリゼーションという．ポスタリゼーションの例を図 2.4 に示す．この図は，8 ビットのグレースケール画像を 2 ビット画像（4 階調）に変換している．

(a) グレースケール画像　　　　(b) ポスタリゼーション画像

図 2.4　ポスタリゼーションにより階調数を少なくした画像

2.1.5 バイアス変更による明度の調整

グレースケール画像や RGB 成分画像について，画像全体を明るくしたり暗くしたりする最も簡単な方法は，各画素の濃度値に同じ値を加える方法である．この処理をバイアス調整と呼んでいる．図 2.5 では，各画素の値に 200 を加えている．そのため，黒い色がなくなっている．なお，各画素値は 0～255 の値以外を指定できないため，計算により 255 を超えた場合には，255 の値を用いることになる．画素の輝度値を I_{in}，変換後の値を I_{out} とすると，バイアス調整はつぎのように表現できる．

$$I_{\mathrm{out}} = \begin{cases} 0 & I_{\mathrm{out}} < 0 \\ I_{\mathrm{in}} + \alpha & 0 \leqq I_{\mathrm{out}} \leqq 255 \\ 255 & I_{\mathrm{out}} > 255 \end{cases} \tag{2.5}$$

(a) グレースケール画像　　　(b) バイアス処理をした画像

図 2.5　バイアス処理により明るさを変えた画像

2.1.6　ガ ン マ 補 正

ガンマ補正は，ディスプレイ上に画像を表示するとき，入力電圧の変化に対して輝度値が直線的に変化しない特性を補正するために使われている技術である。医用画像では，撮影時の暗い部分のコントラストを補正するためなどに利用されることがある。

補正前の輝度値を I_{in}，補正後の輝度値を I_{out} とするとき，ガンマ補正は次式で表現できる。式中の γ はガンマ補正値である。このガンマ補正の例を図 2.6 に示す。ここでは $\gamma = 2.2$ としている。

$$I_{\text{out}} = 255 \left(\frac{I_{\text{in}}}{255} \right)^{1/\gamma} \tag{2.6}$$

(a) グレースケール画像　　　(b) ガンマ補正後の画像

図 2.6　ガンマ補正により明るさを変えた画像

2.1.7 1次関数による濃淡補正

ガンマ補正は，入力画像と出力画像の対応関係を滑らかな曲線で表したが，1次関数により補正する方法も知られている。補正前の輝度値を I_in，補正後の輝度値を I_out とするとき，1次関数による補正は次式で表現できる。1次関数による濃淡補正の例を図 **2.7** に示す。

$$I_\text{out} = \begin{cases} 0 & I_\text{out} < 0 \\ aI_\text{in} + b & 0 \leqq I_\text{out} \leqq 255 \\ 255 & I_\text{out} > 255 \end{cases} \tag{2.7}$$

(a) グレースケール画像　　(b) 1次関数による画像補正

図 **2.7** 1次関数により明るさを変えた画像

2.2 ヒストグラムを用いた処理

濃度ヒストグラムというのは，画像の中の各濃度値（グレースケール画像では輝度値）を持つ画素がいくつあるかを表現したものである。ここでは，グレースケール画像のヒストグラムを示す。RGB 色空間の場合，R 成分，G 成分，B 成分の濃度値に対してヒストグラムを作ることができる。図 **2.8** (a) に RGB 値の重み付け加算によるグレースケール画像を，図 2.8 (b) にそのヒストグラムを示す。

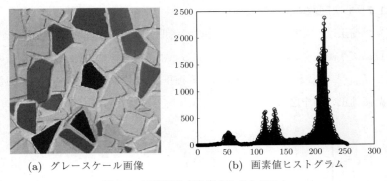

(a) グレースケール画像 　　　　(b) 画素値ヒストグラム

図 2.8　画素値分布を表すヒストグラム

コントラストの強調

コントラストを強調する方法にはいくつかある。

（1）ヒストグラム伸長　　ヒストグラムを用いる方法が簡単であり，画像処理の分野ではよく用いられている。図 2.9 に示すように，各画素における変換前の濃度値を z_i，変換後の濃度値を z_o とする。また，伸長前の最小輝度値が a_1，最大輝度値が b_1 であったとする。最小輝度値 a_2，最大輝度値 b_2 にするには，つぎの式を利用する。

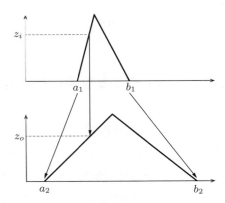

図 2.9　ヒストグラム伸長による
コントラストの強調

$$z_o = \frac{b_2 - a_2}{b_1 - a_1}(z_i - a_1) + a_2 \tag{2.8}$$

（2） ヒストグラム平坦化　　ヒストグラム平坦化は，コントラスト改善法としてよく用いられている。画像は明るくなり認識は容易になるが，画像全体の画素値が大きく変化し，解析結果が変わる場合があるので，平坦化を行う前に重要な解析などを済ませておくほうがよい。また，このあとの解析方法によっては，ヒストグラム平坦化を行わないほうがよい場合もある。**図 2.10** に平坦化処理を行う前と行ったあとのヒストグラムを示す。

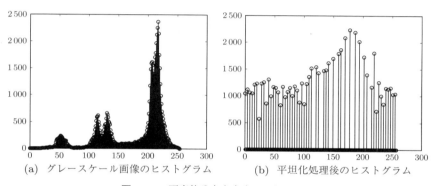

図 **2.10**　画素値分布を表すヒストグラム

2.3　画素位置の変換

つぎに，画像の画素の位置を変更する方法について説明する。画素位置の変更は幾何学的な処理となり，アフィン変換が用いられる。アフィン変換は，線形変換と平行移動を組み合わせた変換である。変換前の座標を (x, y)，変換後の座標を (u, v) とするとき，つぎのような変換となる。

$$\begin{bmatrix} u \\ v \end{bmatrix} = \begin{bmatrix} a & b \\ c & d \end{bmatrix} \begin{bmatrix} x \\ y \end{bmatrix} + \begin{bmatrix} e \\ f \end{bmatrix} \tag{2.9}$$

$$\begin{bmatrix} u \\ v \\ 1 \end{bmatrix} = \begin{bmatrix} a & b & e \\ c & d & f \\ 0 & 0 & 1 \end{bmatrix} \begin{bmatrix} x \\ y \\ 1 \end{bmatrix} \tag{2.10}$$

アフィン変換を用いることにより，画像の拡大縮小処理，平行移動，回転変換，せん断（スキュー）変換，反転変換などを行うことができる。

2.3.1 拡大縮小処理

拡大縮小処理は，つぎのアフィン変換によって行うことができる。

$$\begin{bmatrix} u \\ v \\ 1 \end{bmatrix} = \begin{bmatrix} S_x & 0 & 0 \\ 0 & S_y & 0 \\ 0 & 0 & 1 \end{bmatrix} \begin{bmatrix} x \\ y \\ 1 \end{bmatrix} \tag{2.11}$$

画像を拡大する場合，元の画像になかった画素を作ることになるので，その画素の濃度値をどのように決めるかが変換後の画質に影響する。画素値の補間によく用いられる方法として，ガウス分布を利用した補間方法，最近傍画素の値を用いた補間方法，線形補間を用いた方法などがある。ガウス補間による方法が，最も滑らかな印象を与える。

画像を縮小する場合，拡大と違って，いままでなかった画素が増えるわけではないので，どの方法でもそれほど大きな違いはない。エッジの劣化が少ないバイキュービック法，計算コストの面で優れているバイリニア法などがよく用いられる。画像の縮小処理を行った例を図 **2.11** に示す。

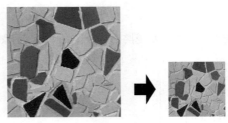

図 **2.11** アフィン変換によるサイズの縮小
($S_x = S_y = 0.5$)

2.3.2 平行移動

平行移動は,つぎの変換によって得ることができる。

$$\begin{bmatrix} u \\ v \\ 1 \end{bmatrix} = \begin{bmatrix} 1 & 0 & T_x \\ 0 & 1 & T_y \\ 0 & 0 & 1 \end{bmatrix} \begin{bmatrix} x \\ y \\ 1 \end{bmatrix} \tag{2.12}$$

図形の平行移動を行った例を図 **2.12** に示す。平行移動の結果,画像のなくなった部分の濃度値が 0 となり,黒い領域として表示される。

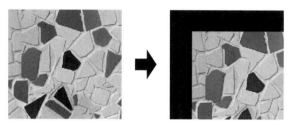

図 **2.12** アフィン変換による平行移動 ($T_x = T_y = 50$)

2.3.3 回転変換

回転変換は,次式によって行うことができる。

$$\begin{bmatrix} u \\ v \\ 1 \end{bmatrix} = \begin{bmatrix} \cos\theta & -\sin\theta & 0 \\ \sin\theta & \cos\theta & 0 \\ 0 & 0 & 1 \end{bmatrix} \begin{bmatrix} x \\ y \\ 1 \end{bmatrix} \tag{2.13}$$

回転変換を行った例を図 **2.13** に示す。一般的に画像は矩形領域で示されるため,回転することによって元の画像領域から外れてしまう部分がある。図 2.13 では元の領域から外れた部分も表示しているため,画像の画素数が多くなっている。

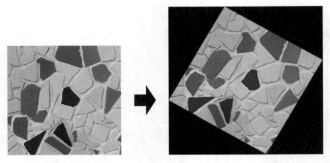

図 2.13 アフィン変換による回転変換（$\theta = \pi/6$）

2.3.4 せん断（スキュー）変換

せん断（スキュー）変換（平行四辺形変換）について説明する。せん断変換には，x 軸方向のせん断と y 方向のせん断の 2 種類があり，それぞれつぎのように表すことができる。

(1) x 方向のせん断変換

$$\begin{bmatrix} u \\ v \\ 1 \end{bmatrix} = \begin{bmatrix} 1 & 0 & 0 \\ \tan\theta & 1 & 0 \\ 0 & 0 & 1 \end{bmatrix} \begin{bmatrix} x \\ y \\ 1 \end{bmatrix} \tag{2.14}$$

(2) y 方向のせん断変換

$$\begin{bmatrix} u \\ v \\ 1 \end{bmatrix} = \begin{bmatrix} 1 & \tan\theta & 0 \\ 0 & 1 & 0 \\ 0 & 0 & 1 \end{bmatrix} \begin{bmatrix} x \\ y \\ 1 \end{bmatrix} \tag{2.15}$$

原画像を x 方向のせん断画像に変換した結果を**図 2.14** に示す。この変換結果も元の画像よりも大きなサイズになってしまい，実際の画像処理でははみ出した部分が削除されるが，ここでは結果がすべて表示されるように，原画像よりも大きな領域を示している。

なお，これらのアフィン変換を組み合わせた変換が利用されることがある。例えば，移動してから回転する変換は，つぎのように定式化できる。

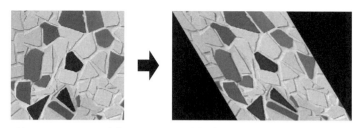

図 2.14 アフィン変換によるせん断変換（平行四辺形変換）（$\theta = \pi/6$）

$$\begin{bmatrix} u \\ v \\ 1 \end{bmatrix} = \begin{bmatrix} \cos\theta & -\sin\theta & 0 \\ \sin\theta & \cos\theta & 0 \\ 0 & 0 & 1 \end{bmatrix} \begin{bmatrix} 1 & 0 & T_x \\ 0 & 1 & T_y \\ 0 & 0 & 1 \end{bmatrix} \begin{bmatrix} x \\ y \\ 1 \end{bmatrix} \tag{2.16}$$

また，回転してから移動する変換は，つぎのように定式化できる．

$$\begin{bmatrix} u \\ v \\ 1 \end{bmatrix} = \begin{bmatrix} 1 & 0 & T_x \\ 0 & 1 & T_y \\ 0 & 0 & 1 \end{bmatrix} \begin{bmatrix} \cos\theta & -\sin\theta & 0 \\ \sin\theta & \cos\theta & 0 \\ 0 & 0 & 1 \end{bmatrix} \begin{bmatrix} x \\ y \\ 1 \end{bmatrix} \tag{2.17}$$

2.3.5 反 転 変 換

画素位置の変換として，上下の反転や左右の反転を行いたい場合がある．そのような場合の処理には，アフィン変換とは異なる手法が使われる．

（1） 上下反転変換 画像の前処理として，平行移動や回転ばかりではなく，画像の上下を反転させる場合もある．画像の上下反転は，原画像を $f(x,y)$,

(a) 原画像　　　　(b) 上下反転画像　　　　(c) 左右反転画像

図 2.15 画像の上下・左右を反転させる処理

変換後の画像を $g(x,y)$，画像のサイズを $W_x \times W_y$ とすると，つぎのように表記することができる．

$$g(x,y) = f(x, W_y - y) \tag{2.18}$$

原画像を図 **2.15** (a)，上下を反転させた例を図 2.15 (b) に示す．

（2） 左右反転変換　　画像の反転変換として，左右を反転させる場合もある．鏡像（鏡に映した画像）のように変換する処理である．画像の左右反転は，原画像を $f(x,y)$，変換後の画像を $g(x,y)$，画像のサイズを $W_x \times W_y$ とすると，つぎのように表記することができる．

$$g(x,y) = f(W_x - x, y) \tag{2.19}$$

図 2.15 (a) の原画像を左右反転させた例を図 2.15 (c) に示す．

2.4　アフィン変換に伴う濃度値の補正

画像のアフィン変換を行うとき，各画素の濃度値を補正しなければならない．例えば平行移動の場合，移動量が整数のときには問題ないが，整数ではない一般的な値の場合には補正が必要となる．拡大・縮小，回転変換などのあとで補正を行った場合，補正方法によっては変換後の画質が劣化することがある．

2.4.1　最近傍補間による補正

最も単純な補間方法として，最近傍補間 (nearest neighbor interpolation; ニアレストネイバー補間) と呼ばれる方法がある．最近傍補間の概念図を**図 2.16** に示す．いま，入力画像を $f(m,n)$，出力する画素値を $I(m,n)$ とすると，最近傍補間はつぎのように表現できる．

$$I(m,n) = f(\lfloor m+0.5 \rfloor, \lfloor n+0.5 \rfloor) \tag{2.20}$$

ただし，記号 $\lfloor x \rfloor$ は x を超えない最大の整数を表す．最近傍補間は，単純で高

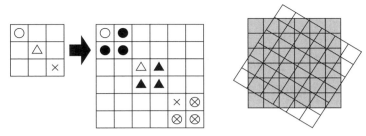

(a) 拡大の際の最近傍補間　　　(b) 回転の際の最近傍補間

図 **2.16**　最近傍補間による濃度値の補正

速な補間方法であるが，原画像が滑らかなエッジであっても，補間後にエッジがギザギザになるジャギーが現れることがある。

2.4.2　双1次補間による補正

双1次補間（バイリニア補間）は，画像をアフィン変換する際によく利用される補間アルゴリズムである。変換結果が滑らかであることに加えて，計算コストが低く高速に実行できることが知られている。

入力画像を $f(m,n)$，出力する画素値を $I(m,n)$ とすると，双1次補間は図 **2.17** に示すように，周囲の4近傍点を用いて，つぎのように求めることができる。

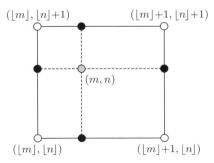

図 **2.17**　双1次補間による
濃度値の補正

$$
\begin{aligned}
I(m,n) &= \begin{bmatrix} \lfloor m \rfloor + 1 - m & m - \lfloor m \rfloor \end{bmatrix} \\
&\quad \times \begin{bmatrix} f(\lfloor m \rfloor, \lfloor n \rfloor) & f(\lfloor m \rfloor, \lfloor n \rfloor + 1) \\ f(\lfloor m \rfloor + 1, \lfloor n \rfloor) & f(\lfloor m \rfloor + 1, \lfloor n \rfloor + 1) \end{bmatrix} \begin{bmatrix} \lfloor n \rfloor + 1 - n \\ n - \lfloor n \rfloor \end{bmatrix} \\
&= (\lfloor m \rfloor + 1 - m)(\lfloor n \rfloor + 1 - n) f(\lfloor m \rfloor, \lfloor n \rfloor) \\
&\quad + (\lfloor m \rfloor + 1 - m)(\lfloor n \rfloor - n) f(\lfloor m \rfloor, \lfloor n \rfloor + 1) \\
&\quad + (\lfloor m \rfloor - m)(\lfloor n \rfloor + 1 - n) f(\lfloor m \rfloor + 1, \lfloor n \rfloor) \\
&\quad + (\lfloor m \rfloor - m)(\lfloor n \rfloor - n) f(\lfloor m \rfloor + 1, \lfloor n \rfloor + 1) \quad (2.21)
\end{aligned}
$$

上式で，記号 $\lfloor x \rfloor$ は x を超えない最大の整数を表す．双1次補間は最近傍補間に比べてジャギーは少なくなるが，その分，エッジ情報が失われる傾向がある．画質がそれほど問題にならない場合には，双1次補間による補正で十分な場合が多い．

2.4.3　双3次補間による補正

双3次補間（バイキュービック補間）は，図 **2.18** に示すように，求めたい画素 (m,n) の周りの16近傍の画素値 $f_{11}, f_{12}, \cdots, f_{44}$ を用いる方法である．

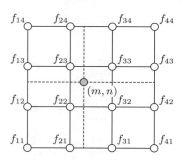

図 **2.18**　双3次補間による濃度値の補正

$$I(m,n) = \begin{bmatrix} h(m_1) & h(m_2) & h(m_3) & h(m_4) \end{bmatrix} \begin{bmatrix} f_{11} & f_{12} & f_{13} & f_{14} \\ f_{21} & f_{22} & f_{23} & f_{24} \\ f_{31} & f_{32} & f_{33} & f_{34} \\ f_{41} & f_{42} & f_{43} & f_{44} \end{bmatrix} \begin{bmatrix} h(n_1) \\ h(n_2) \\ h(n_3) \\ h(n_4) \end{bmatrix}$$
(2.22)

ただし,上式で m_1, m_2, m_3, m_4, n_1, n_2, n_3, n_4 は以下のように表される.

$$m_1 = 1 + m - \lfloor m \rfloor$$
$$m_2 = m - \lfloor m \rfloor$$
$$m_3 = \lfloor m \rfloor + 1 - m$$
$$m_4 = \lfloor m \rfloor + 2 - m$$
$$n_1 = 1 + n - \lfloor n \rfloor$$
$$n_2 = n - \lfloor n \rfloor$$
$$n_3 = \lfloor n \rfloor + 1 - n$$
$$n_4 = \lfloor n \rfloor + 2 - n$$

また,関数 $h(t)$ は,sinc 関数を 3 次多項式で近似したものであり,一般につぎの式が用いられる.

$$h(t) = \begin{cases} |t|^3 + 2|t|^2 + 1 & |t| \leq 1 \\ -|t|^3 + 5|t|^2 - 8|t| + 4 & 1 < |t| \leq 2 \\ 0 & 2 < |t| \end{cases}$$
(2.23)

この方法は,非常に優れた性能を持った補間法の一つである.市販の画像処理ソフトのアフィン変換では,双 3 次変換が実装されていることが多い.

3 空間フィルタ

この章では,画像解析の前処理に用いられるフィルタについて説明する。線形フィルタと非線形フィルタ(順序統計フィルタ)による雑音除去の方法,およびエッジ抽出フィルタによる輪郭抽出などについて扱う。特に,ここではオペレータを用いたフィルタ処理の方法について説明する。

3.1 雑音除去のための平滑化フィルタ

この節では,2次元線形システムとオペレータとの関係について説明した後,よく用いられるフィルタのオペレータについて記述する。

3.1.1 2次元線形システム

ここでは,画像処理を2次元の線形システムとして考える。入力画像を $f(x,y)$,出力画像を $g(x,y)$,インパルス応答を $h(x,y)$ とするとき,2次元線形システムへの入出力関係は次式で表すことができる。

$$g(x,y) = \int_{-\infty}^{\infty} \int_{-\infty}^{\infty} f(x,y)h(x-\xi, y-\eta)dxdy \tag{3.1}$$

画像処理では画像を離散時間信号として扱うので,上式は入力画像を $f(m,n)$,出力画像を $g(m,n)$,インパルス応答を $h(m,n)$ として,つぎのように表すことができる。なお,ここでは画像のサイズを $M \times N$ としている。

$$g(m,n) = \sum_{i=m-W}^{m+W} \sum_{j=n-W}^{n+W} f(m,n)h(m-i, n-j) \tag{3.2}$$

上式で W はインパルス応答に用いるオペレータのサイズを表し，一般的には $W = 1$（3×3 のマトリクス）のオペレータがよく用いられる．図 **3.1** にオペレータによる演算の例を示す．

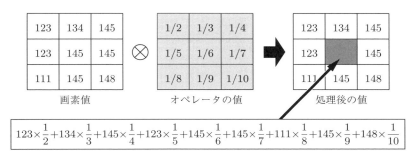

図 **3.1**　オペレータによる演算

3.1.2　移動平均フィルタ

移動平均フィルタは雑音除去に用いられる最も基本的なフィルタであり，注目画素の周りの値を平均したものを出力する．移動平均フィルタは雑音を少なくする効果はあるが，図 **3.2** のように出力画像全体にボケが生ずる．特に，インパルス応答オペレータのサイズを大きくすると，画像のボケが目立つようになる．

(a) インパルス性雑音画像

(b) フィルタ出力

図 **3.2**　移動平均フィルタ

$$h(m,n) = \begin{bmatrix} 1/9 & 1/9 & 1/9 \\ 1/9 & 1/9 & 1/9 \\ 1/9 & 1/9 & 1/9 \end{bmatrix} \tag{3.3}$$

$$h(m,n) = \begin{bmatrix} 0 & 1/5 & 0 \\ 1/5 & 1/5 & 1/5 \\ 0 & 1/5 & 0 \end{bmatrix} \tag{3.4}$$

3.1.3 加重平均フィルタ

単純平均ではなく,注目画素に近いところほど大きな重みを付けるようにインパルス応答 $h(m,n)$ を指定するフィルタとして,加重平均フィルタがよく知られている。加重平均フィルタのインパルス応答の数値としては,以下のものがよく用いられる。

$$h(m,n) = \begin{bmatrix} 1/16 & 2/16 & 1/16 \\ 2/16 & 4/16 & 2/16 \\ 1/16 & 2/16 & 1/16 \end{bmatrix} \tag{3.5}$$

$$h(m,n) = \begin{bmatrix} 0 & 1/6 & 0 \\ 1/6 & 1/3 & 1/6 \\ 0 & 1/6 & 0 \end{bmatrix} \tag{3.6}$$

図 3.3 に加重平均フィルタによるフィルタ処理の例を示す。加重平均フィルタのインパルス応答の数値をガウス分布に近づけたものをガウシアンフィルタという。ガウシアンフィルタは,平均 0,分散 σ^2 の 2 次元ガウス分布

$$h(x,y) = \frac{1}{\sqrt{2\pi}\sigma} \exp\left(-\frac{x^2+y^2}{2\sigma^2}\right) \tag{3.7}$$

で表される。一般的には,つぎのようなインパルス応答が用いられる。ガウス分布とは分母が異なっているように見えるが,分母はカーネルの値の合計値になっているので,分布としてはガウス分布になっている。

3.1 雑音除去のための平滑化フィルタ

(a) インパルス性雑音画像

(b) フィルタ出力

図 3.3 加重平均フィルタ

$$h(x,y) = \frac{\exp\left(-\dfrac{m^2+n^2}{2\sigma^2}\right)}{\displaystyle\sum_{n=-W}^{W}\sum_{m=-W}^{W}\exp\left(-\dfrac{m^2+n^2}{2\sigma^2}\right)} \tag{3.8}$$

3.1.4 バイラテラルフィルタ

平均化により雑音の軽減は行われるが，先に記述したように，画像そのものがボケた状態になる。これは平滑化によってエッジの濃淡変化が滑らかになったことによるものである。エッジの情報を少しでも多く残したいとき，平滑化を行う領域を選択し，局所領域による平滑化を行う手法が考えられている。

ガウシアンフィルタの輪郭がぼけるという欠点を改良したものとして，バイラテラルフィルタがある。

$$h(x,y) = \frac{\exp\left(-\dfrac{m^2+n^2}{2\sigma^2}\right)\exp\left(-\dfrac{(f(i,j)-f(i+m,j+n))^2}{2\sigma^2}\right)}{\displaystyle\sum_{n=-W}^{W}\sum_{m=-W}^{W}\exp\left(-\dfrac{m^2+n^2}{2\sigma^2}\right)\exp\left(-\dfrac{(f(i,j)-f(i+m,j+n))^2}{2\sigma^2}\right)} \tag{3.9}$$

上式で

$$\exp\left(-\frac{(f(i,j)-f(i+m,j+n))^2}{2\sigma^2}\right)$$

は，カーネルの中心の濃度値との差を横軸とした正規分布を表しており，濃度差が小さいときは重みが大きくなり，大きいときは重みが小さくなる．したがって，バイラテラルフィルタは，正規分布の重みを付けたガウシアンフィルタと考えることができる．

3.2 順序統計に基づく非線形フィルタ

3.2.1 メディアンフィルタ

順序統計に基づくフィルタの中で，エッジ情報を残すフィルタとしてメディアンフィルタがよく知られている．非線形フィルタとして最も基本的なフィルタであり，インパルス性雑音（ゴマ塩雑音）の除去に有効である．**図 3.4** に示すように，メディアンフィルタは注目画素の近傍画素を濃度値順に並べて，その中の中央値を出力するフィルタである．

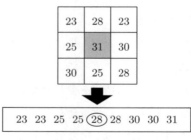

図 3.4 メディアンフィルタによる処理

いま注目画素 (x, y) の 8 近傍画素を並べたものを $u(k)$ として，その出力を v とすると，次式のように表現できる．

$$v = \mathrm{median}\,(u(1), u(2), \cdots, u(9)) \tag{3.10}$$

図 3.5 にメディアンフィルタによる処理の例を示す．このように，メディアンフィルタはインパルス性雑音に対して有効なフィルタである．

3.2 順序統計に基づく非線形フィルタ　37

(a) インパルス性雑音画像

(b) フィルタ出力

図 **3.5** メディアンフィルタ

3.2.2 加重メディアンフィルタ

メディアンフィルタは，エッジ情報を残すフィルタであるが，8近傍の各画素の信号の大きさしか考慮しない。そのため，微小な信号を無視してしまい，画像のテクスチャ情報が変化してしまう場合がある。この問題を解決するために，注目画素の信号の大きさ，つまり信号の位置についても考慮した，加重メディアンフィルタが提案されている。

入力信号を $x(i)$，フィルタの窓の大きさを $2M+1$，加重を $w(i)$ とするとき，加重メディアンフィルタはつぎのように与えられる。

$$y(i) = \mathrm{median}\,(w(-M) \diamond x(i-M), \cdots, w(0) \diamond x(i),$$
$$\cdots, w(M) \diamond x(i+M)) \tag{3.11}$$

上式で $w \diamond x$ はつぎのような処理をしている。

$$w \diamond x = \underbrace{x, \cdots, x}_{w\,\text{個}} \tag{3.12}$$

加重メディアンフィルタはつぎの手順で出力を決定する。

1. フィルタの窓内（8近傍がよく用いられる）の数値を大きさの順に並べる。
2. 大きさの順に加重の値を加えていく。
3. 加重の和が $\sum w(i)/2$ を初めて超えたときの対応値を出力とする。

ここで，$w(i)$ は i 番目に大きな値の加重を表す．

例として，処理対象画素の重みを3，それ以外は1とした，中心加重メディアンフィルタ（center weighted median filter）を図 **3.6** に示す．

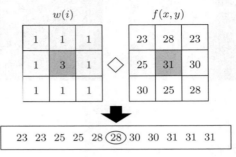

図 **3.6** 中心加重メディアンフィルタによる処理

3.2.3 ランクオーダフィルタ

メディアンフィルタ以外の順序統計フィルタとして，ランクオーダフィルタ（rank order filter）がよく知られている．このフィルタは，重要な非線形フィルタの一つである．図 **3.7** に示すように，フィルタ窓内の r 番目に小さなデータを出力する．図 3.7 (a) に示す $r = 1$ のときが最小値フィルタ，図 3.7 (b) に示す $r = N$ のときが最大値フィルタ，$r = M + 1$ のときがメディアンフィルタに対応している．メディアンフィルタと同様，インパルス性雑音の除去に効

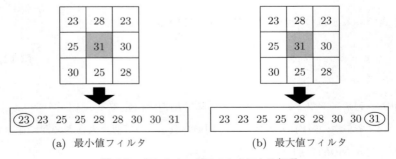

(a) 最小値フィルタ　　　　　　　(b) 最大値フィルタ

図 **3.7** ランクオーダフィルタによる処理

果を発揮する。インパルス性雑音の信号値の低い場合と高い場合で，r の値を変えて対応することができる。

グレースケール画像を考えたとき，最小値フィルタを用いると白いインパルス性雑音を除去しやすく，最大値フィルタを用いると黒いインパルス性雑音を除去しやすい。画像の雑音の種類を考慮して，r の値を決める必要がある。

3.3 エッジを抽出するフィルタ

ここまでで，雑音を除去するフィルタについて説明したが，そのほかにエッジを抽出するフィルタや，画像を鮮鋭化するフィルタなどがよく用いられる。

3.3.1 微分フィルタ

入力画像を $f(x,y)$，出力画像を $g(x,y)$ とするとき，微分フィルタの一般的な表記はつぎのようになる。この式では，x 方向に k 回の偏微分を行い，y 方向に $n-k$ 回の偏微分を行っている。

$$g(x,y) = \frac{\partial^n}{\partial x^k y^{n-k}} f(x,y) \tag{3.13}$$

実際の画像処理では，1次あるいは2次の微分がよく用いられる。x 方向の1次微分を行うフィルタは，つぎのように定式化できる。ここでは，入力画像を $f(x,y)$，出力画像を $g_x(x,y)$ としている。

$$g_x(x,y) = \frac{\partial}{\partial x} f(x,y) \tag{3.14}$$

また，入力画像を $f(x,y)$，出力画像を $g_y(x,y)$ として y 方向の1次微分を行うフィルタを定式化すると，次式のようになる。

$$g_y(x,y) = \frac{\partial}{\partial y} f(x,y) \tag{3.15}$$

微分処理後の勾配の大きさを Δ，勾配の方向を θ とすると，それらはつぎのように求めることができる。

3. 空間フィルタ

$$\Delta = \sqrt{\{g_x(x,y)\}^2 + \{g_y(x,y)\}^2} \tag{3.16}$$

$$\theta = \tan^{-1}\left(\frac{g_y(x,y)}{g_x(x,y)}\right) \tag{3.17}$$

実際の計算では，微分の代わりに下記のように差分で定式化される．ここでは，x 方向の 1 次差分を $\Delta x(m,n)$，y 方向の差分を $\Delta y(m,n)$ としている．

$$\Delta x(m,n) = f(m,n) - f(m-1,n) \tag{3.18}$$

$$\Delta y(m,n) = f(m,n) - f(m,n-1) \tag{3.19}$$

$$\Delta = \sqrt{(\Delta x(m,n))^2 + (\Delta y(m,n))^2} \tag{3.20}$$

$$\theta = \tan^{-1}\frac{\Delta x(m,n)}{\Delta y(m,n)} \tag{3.21}$$

これらの差分式をもとにしたフィルタオペレータは図 **3.8** のようになる．1 次微分フィルタで処理を行った場合，図 **3.9** に示すようにエッジの周辺で勾配が変化する．図 3.9 (a) は画素の濃度値の変化を示し，(b) は勾配の変化を示している．

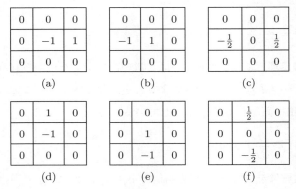

図 **3.8** 1 次微分フィルタによる処理．(a), (b), (c) は x 方向（横方向）の 1 次微分，(d), (e), (f) は y 方向（縦方向）の 1 次微分を行うオペレータ．

3.3 エッジを抽出するフィルタ 41

(a) 画素の濃度値の変化　　　　(b) 勾配の変化

図 3.9　1 次微分フィルタの勾配特性

3.3.2 雑音を抑えた微分フィルタ

微分フィルタはエッジを抽出する基本的なフィルタであるが，画像に含まれる雑音に対しても敏感に反応してしまい，雑音の周りに新たな雑音を作ってしまう原因となる。そこで，雑音を抑えながらエッジを抽出するフィルタが考案されている。そのようなフィルタの中でよく用いられるものとして，プリューウィットフィルタとソーベルフィルタがある。

（１） プリューウィットフィルタ（Prewitt filter）　このフィルタは，縦方向のエッジを抽出するとき，まず横方向に微分してから縦方向に平滑化を行う。横方向の微分では中心差分で定式化した差分式により計算し，縦方向の平滑化は単純平均により計算を行う。ただし，これらの処理は，**図 3.10** (a) に示すように，一つのオペレータで実現される。また，横方向のエッジを抽出するときには，縦方向に微分を行ってから横方向の平滑化を行う。その場合のプリューウィットフィルタのオペレータは，図 3.10 (b) のようになる。プリューウィットフィルタのオペレータによるフィルタ処理の結果を**図 3.11** に示す。

−1	0	1
−1	0	1
−1	0	1

1	1	1
0	0	0
−1	−1	−1

(a) 縦方向のエッジ抽出　　　(b) 横方向のエッジ抽出

図 3.10　プリューウィットフィルタのオペレータ

(a) 原画像 　　　　　　(b) フィルタ出力

図 **3.11** プリューウィットフィルタ

(**2**) **ソーベルフィルタ**（Sobel filter）　　ソーベルフィルタもプリューウィットフィルタと同様，雑音を抑えながらエッジを抽出するフィルタである。微分と平滑化を併用する点でもプリューウィットフィルタと同様であるが，平滑化の際に中央に重みを付けたフィルタを用いる。この微分と平滑化を連続し

-1	0	1
-2	0	2
-1	0	1

1	2	1
0	0	0
-1	-2	-1

(a) 縦方向のエッジ抽出 　　(b) 横方向のエッジ抽出

図 **3.12** ソーベルフィルタのオペレータ

(a) 原画像 　　　　　　(b) フィルタ出力

図 **3.13** ソーベルフィルタ

て行うのと等価なオペレータを**図 3.12** に示す．図 3.12 (a) は縦方向のエッジを抽出するソーベルフィルタのオペレータ，図 3.12 (b) は横方向のエッジを抽出するソーベルフィルタのオペレータを表している．ソーベルフィルタのオペレータによるフィルタ処理の結果を**図 3.13** に示す．

3.3.3 2 次微分フィルタ

2 次微分フィルタもいろいろな用途で用いられる．2 次微分フィルタでよく知られているものに，ラプラシアン（Laplacian）フィルタがある．入力画像を $f(x,y)$，出力画像を $g(x,y)$ とするとき，2 次微分フィルタの出力はつぎのように表現できる．

$$g(x,y) = \frac{\partial^2}{\partial x^2} f(x,y) + \frac{\partial^2}{\partial y^2} f(x,y) \tag{3.22}$$

また，ラプラス演算子 ∇^2，すなわち

$$\nabla^2 = \frac{\partial^2}{\partial x^2} + \frac{\partial^2}{\partial y^2} \tag{3.23}$$

を用いて，つぎのように表現することもできる．

$$g(x,y) = \nabla^2 f(x,y) \tag{3.24}$$

この演算は，実際にはつぎのように離散化し，**図 3.14** に示すオペレータを用いて処理を行う．

$$\nabla^2 f(m,n) = f(m+1,n) + f(m-1,n) + f(m,n+1)$$
$$+ f(m,n-1) - 4f(m,n) \tag{3.25}$$

0	1	0
1	-4	1
0	1	0

(a) 4 近傍ラプラシアン

1	1	1
1	-8	1
1	1	1

(b) 8 近傍ラプラシアン

図 3.14 ラプラシアンフィルタのオペレータ

画像の 2 次微分を行ったとき，図 **3.15** (a) に示すように，対象物のエッジ部分（0 位置）では画素値が変化する．そのときの出力は，図 3.15 (b) のように，0 位置の前後で 1 回ずつ変動する．出力画像としては 2 重のエッジが現れることになる．ラプラシアンフィルタのオペレータによるフィルタ処理結果の例を図 **3.16** に示す．

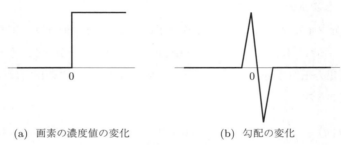

(a) 画素の濃度値の変化　　　　(b) 勾配の変化

図 **3.15**　2 次微分フィルタの勾配特性

(a) 原画像　　　　(b) フィルタ出力

図 **3.16**　ラプラシアンフィルタ

3.3.4　キャニーフィルタ

性能の良いエッジ検出フィルタとして，キャニーフィルタが知られている．これは，John Canny が考案した最適エッジ検出フィルタである．このフィルタは，エッジの検出漏れや誤検出が少なく，雑音の影響を受けにくいという特徴がある．

キャニーフィルタは，まずガウシアンフィルタを用いて画像の平滑化を行う．入力画像を $I_\text{in}(x,y)$，出力画像を $I_\text{out}(x,y)$ とすると，ガウシアンフィルタはつぎのように表記される．

$$I_\text{out} = g(x,y) \otimes I_\text{in} \tag{3.26}$$

$$g(x,y) = \frac{1}{\sqrt{2\pi}\sigma} \exp\left(-\frac{x^2+y^2}{2\sigma^2}\right) \tag{3.27}$$

上式で，$\otimes$ は畳み込み積分を表している．

つぎに，ガウシアンフィルタで平滑化された画像に対して，x 方向，y 方向に微分を適用する．平滑化画像 $I_\text{out}(x,y)$ を x 方向，y 方向に微分した画像をそれぞれ $I_x(x,y)$，$I_y(x,y)$ とすると，この処理はつぎのように表現できる．

$$I_x(x,y) = g_x(x,y) \otimes I_\text{in}(x,y) \tag{3.28}$$

$$I_y(x,y) = g_y(x,y) \otimes I_\text{in}(x,y) \tag{3.29}$$

$$g_x(x,y) = \frac{-x}{\sqrt{2\pi}\sigma^3} \exp\left(-\frac{x^2+y^2}{2\sigma^2}\right) \tag{3.30}$$

$$g_y(x,y) = \frac{-y}{\sqrt{2\pi}\sigma^3} \exp\left(-\frac{x^2+y^2}{2\sigma^2}\right) \tag{3.31}$$

この微分結果に対して，勾配 I および方向 θ を求める．

$$I = \sqrt{I_x^2 + I_y^2} \tag{3.32}$$

 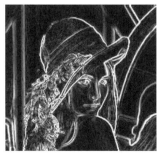

(a) 原画像　　　　　　(b) フィルタ出力

図 **3.17** キャニーフィルタ

$$\theta = \tan^{-1}\left(\frac{I_y}{I_x}\right) \tag{3.33}$$

このあとで，Non-Maximum Suppression 処理により，信頼性の高いエッジを抽出し，それにつながっていると思われる信頼性の低いエッジを選択していく。図 **3.17** にキャニーフィルタによる処理結果の例を示す。

3.3.5 鮮鋭化フィルタ

ラプラシアンフィルタの出力では，エッジの両側で，明るい部分はより明るく，暗い部分はより暗くなるという結果が得られる。この出力結果を入力画像

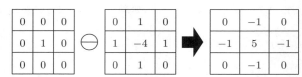

(a) 4近傍ラプラシアンによる鮮鋭化フィルタのオペレータ

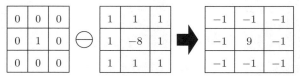

(b) 8近傍ラプラシアンによる鮮鋭化フィルタのオペレータ

図 **3.18** ラプラシアンフィルタを利用した鮮鋭化フィルタのオペレータ

(a) 原画像　　　　　　　　(b) フィルタ出力

図 **3.19** 鮮鋭化フィルタ

から差し引くことにより，エッジ部分を強調して鮮鋭化することができる．この鮮鋭化のためのオペレータを図 **3.18** に示す．このオペレータによる処理を鮮鋭化フィルタ処理またはアンシャープマスキングと呼んでいる．鮮鋭化フィルタによる処理結果の例を図 **3.19** に示す．

4 フーリエ変換とフィルタリング

ここでは，実空間から周波数空間への変換法であるフーリエ変換と，周波数空間におけるフィルタリングの方法について説明する．また，周波数空間における信号の特徴について説明を行う．ここで説明する特徴のいくつかは，11章「画像の位置合わせ」における解析方法で必要となる．

4.1 フーリエ変換

4.1.1 2次元フーリエ変換

画像を入力信号とする場合，2次元のフーリエ変換が用いられる．入力される連続信号を $f(x,y)$，連続量の周波数を u,v とする．信号 $f(x,y)$ と $e^{-j2\pi(ux+vy)}$ との内積 $F(u,v)$ は，つぎのように計算できる．

$$F(u,v) = \int_{-\infty}^{\infty} \int_{-\infty}^{\infty} f(x,y) e^{-j2\pi(ux+vy)} dx dy \tag{4.1}$$

$$f(x,y) = \int_{-\infty}^{\infty} \int_{-\infty}^{\infty} F(u,v) e^{j2\pi(ux+vy)} du dv \tag{4.2}$$

式 (4.1) を2次元フーリエ変換，式 (4.2) を2次元フーリエ逆変換という．入力を $M \times N$ 画素の2次元離散信号 $f(m,n)$ とするとき，2次元離散フーリエ変換対は，式 (4.1), (4.2) を離散時間波形に対応する式に変換したものであり，つぎのように記述できる．

$$F(u,v) = \frac{1}{\sqrt{MN}} \sum_{m=0}^{M-1} \sum_{n=0}^{N-1} f(m,n) e^{-j2\pi(um/M+vn/N)} \tag{4.3}$$

$$f(m,n) = \frac{1}{\sqrt{MN}} \sum_{u=0}^{M-1} \sum_{v=0}^{N-1} F(u,v) e^{j2\pi(um/M+vn/N)} \tag{4.4}$$

4.1.2 周波数空間における特徴量

画像処理では，2次元離散フーリエ変換が用いられることになるので，離散化の影響を覚えておく必要がある．式 (4.3) からわかるように，離散フーリエ変換を計算すると，実部 $F_{\mathrm{re}}(u,v)$ と虚部 $F_{\mathrm{im}}(u,v)$ が現れる．

$$F(u,v) = F_{\mathrm{re}}(u,v) + jF_{\mathrm{im}}(u,v) \tag{4.5}$$

周波数 k の成分の振幅 $F_{\mathrm{mag}}(u,v)$ は，つぎのようになる．

$$F_{\mathrm{mag}}(u,v) = |F(u,v)| = \sqrt{F_{\mathrm{re}}(u,v)^2 + F_{\mathrm{im}}(u,v)^2} \tag{4.6}$$

また，信号成分 $F(u,v)$ の位相 $F_{\phi}(u,v)$ は，つぎのようになる．

$$F_{\phi}(u,v) = \tan^{-1}\left(\frac{F_{\mathrm{im}}(u,v)}{F_{\mathrm{re}}(u,v)}\right) \tag{4.7}$$

フーリエ変換で重要なのは，信号がどのような周波数成分を持つかであるから，周波数成分とフーリエ係数を一つのグラフに表すことが必要となる．もちろん実部と虚部を別々に表示することもできるが，つぎのように振幅だけに注目して2乗和 $F_{\mathrm{PS}}(u,v)$ として表す場合が多い．この2乗和のことをパワースペクトルという．

$$F_{\mathrm{PS}}(u,v) = F_{\mathrm{re}}(u,v)^2 + F_{\mathrm{im}}(u,v)^2 \tag{4.8}$$

4.1.3 フーリエ変換の性質

ここでは，フーリエ変換に関する性質のうち画像処理に必要なものについて説明する．実際の入力画像は2次元離散信号であるため，連続系とは若干異なる処理が必要となる．この項では，2次元連続信号を入力とした場合の純粋なフーリエ変換の性質を示すことにする．

(1) 変　　位　2次元連続信号 $f(x,y)$ のフーリエ変換を $F(u,v)$ とするとき，実空間とフーリエ空間の信号の間には，つぎのような関係がある．

$$
\begin{array}{lcl}
\text{実空間 } (x,y) & & \text{フーリエ空間 } (u,v) \\
f(x,y)e^{j2\pi(u_0 x + v_0 y)} & \Leftrightarrow & F(u-u_0, v-v_0) \\
f(x-x_0, y-y_0) & \Leftrightarrow & F(u,v)e^{-j2\pi(ux_0 + vy_0)}
\end{array}
\tag{4.9}
$$

(2) 回　　転　実空間における2次元入力信号 $f(x,y)$ のフーリエ変換を $F(u,v)$ とする．また，実空間において θ 回転させたときの2次元信号を $f_1(x,y)$ とすると，$f(x,y)$ と $f_1(x,y)$ はつぎのような関係になる．

$$
f_1(x,y) = f(x\cos\theta - y\sin\theta, x\sin\theta + y\cos\theta) \tag{4.10}
$$

回転した画像 $f_1(x,y)$ に対してフーリエ変換を行うと，つぎのようになる．

$$
F(u,v) = \int_{-\infty}^{\infty}\int_{-\infty}^{\infty} f_1(x,y)e^{-j2\pi(ux+vy)}dxdy \tag{4.11}
$$

$$
= \int_{-\infty}^{\infty}\int_{-\infty}^{\infty} f(x\cos\theta - y\sin\theta, x\sin\theta + y\cos\theta)e^{-j2\pi(ux+vy)}dxdy \tag{4.12}
$$

また，入力画像 $f(x,y)$ のフーリエ変換結果を θ 回転する場合を考える．その場合は，つぎのように定式化できる．

$$
\begin{aligned}
F_1(u,v) &= F(u\cos\theta - v\sin\theta, u\sin\theta + v\cos\theta) \\
&= \int_{-\infty}^{\infty}\int_{-\infty}^{\infty} f(x,y)e^{-j2\pi((u\cos\theta - v\sin\theta)x + (u\sin\theta + v\cos\theta)y)}dxdy
\end{aligned}
\tag{4.13}
$$

ここで，つぎのように (x,y) から (z,w) への変数変換を行って式 (4.13) を書き直すと，つぎのようになる．

$$
z = x\cos\theta + y\sin\theta
$$

$$
w = -x\sin\theta + y\cos\theta
$$

$$
F_2(u,v)
$$

$$= \int_{-\infty}^{\infty} \int_{-\infty}^{\infty} f(z\cos\theta - w\sin\theta, z\sin\theta + w\cos\theta) e^{-j2\pi(uz+vw)} dz dw \tag{4.14}$$

積分変数は違っているが，式 (4.12) と式 (4.14) は同一の式となっている．このように，実空間における 2 次元信号の回転角度は，周波数空間におけるスペクトル表示の回転角度と等しくなる．この角度の一致を利用した画像解析手法も提案されている．

4.2 高速フーリエ変換（FFT）

4.2.1 1 次元時間間引き型 FFT

離散フーリエ変換（DFT）を使うことによって時系列信号に含まれる周波数特性の解析はできるが，時系列が長くなるに従って計算時間が膨大になる．実際の研究では，特別な理由がなければ，離散フーリエ変換のアルゴリズムを高速化した高速フーリエ変換（fast Fourier transform; FFT）を利用することが多い．高速フーリエ変換には，アルゴリズムの改良方法によって「時間間引き型 FFT」と「周波数間引き型 FFT」の 2 種類がある．ここでは，1 次元の時間間引き型 FFT について説明する．

離散フーリエ変換は，$W_N = e^{-j(2\pi/N)}$ とすると，次式で表すことができる．W_N は図 4.1 に示すように周期的な値をとるので，回転因子と呼ばれている．

$$X_k = \sum_{n=0}^{N-1} x_n W_N^{nk} \tag{4.15}$$

時間間引き型アルゴリズムは，時系列データ数 N が 2 の整数のべき乗 $N = 2^m$ である場合について計算する方法である．したがって，N は必ず偶数になるから，時系列データ x_n を偶数番目のものと奇数番目のものに分けて計算を行う．

$$X_k = \sum_{n \text{ even}} x_n W_N^{nk} + \sum_{n \text{ odd}} x_n W_N^{nk} \tag{4.16}$$

整数 r を用いて，偶数を $n = 2r$，奇数を $n = 2r + 1$ と表現すると，次式の

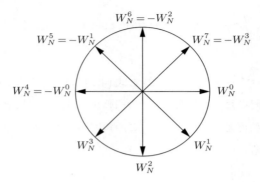

図 4.1 回転因子

ようになる。

$$X_k = \sum_{r=0}^{(N/2)-1} x_{2r} W_N^{2rk} + \sum_{r=0}^{(N/2)-1} x_{2r+1} W_N^{(2r+1)k}$$
$$= \sum_{r=0}^{(N/2)-1} x_{2r} (W_N^2)^{rk} + W_N^k \sum_{r=0}^{(N/2)-1} x_{2r+1} (W_N^2)^{rk} \quad (4.17)$$

ここで，次式が成り立つことは明らかである。

$$W_N^2 = e^{-2j(2\pi/N)} = e^{-j(2\pi/(N/2))} = W_{N/2} \quad (4.18)$$

これより，式 (4.17) は次式のように書くことができる。

$$X_k = \sum_{r=0}^{(N/2)-1} x_{2r} (W_{N/2})^{rk} + W_N^k \sum_{r=0}^{(N/2)-1} x_{2r+1} (W_{N/2})^{rk}$$
$$= G_k + W_N^k H_k \quad (4.19)$$

上式1行目の第1項は偶数番目の時系列データに対してDFTを行っており，第2項は奇数番目のデータに対してDFTを行っている。また，時系列データ数が2のべき乗であるということから，$N/2$ も偶数になる。この誘導結果から，G_k および H_k をサンプル信号のように扱って図示すると，**図 4.2** のようになる。なお，図では入力数 $N = 2^4 = 8$ としている。

上記の式変形を用いると，G_k および H_k についても，次式に示すように整数 l を用いて，偶数部分 $2l$ と奇数部分 $2l+1$ に分けて計算することができる。

4.2 高速フーリエ変換（FFT）

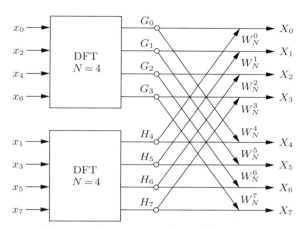

図 **4.2** 4 点 DFT による時間間引き型フロー

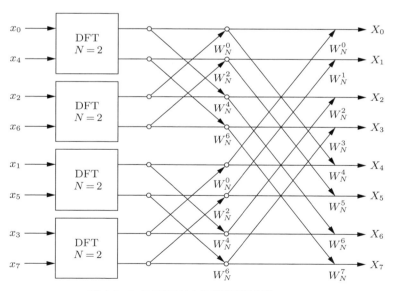

図 **4.3** 2 点 DFT による時間間引き型フロー

$$G_k = \sum_{l=0}^{(N/4)-1} g_{2l} W_{N/4}^{lk} + W_{N/2}^{k} \sum_{l=0}^{(N/4)-1} g_{2l+1} W_{N/4}^{lk} \tag{4.20}$$

$$H_k = \sum_{l=0}^{(N/4)-1} h_{2l} W_{N/4}^{lk} + W_{N/2}^{k} \sum_{l=0}^{(N/4)-1} h_{2l+1} W_{N/4}^{lk} \tag{4.21}$$

同様の式変形により，図 4.2 の DFT $N=4$ の部分を図示すると，最終的に**図 4.3** のようになる．このように，DFT の反復計算部分を少なくすることにより高速化を行っている．

ビット反転

図 4.4 を見ると，出力については FFT の計算結果が順序どおりになっているが，入力側の順序はかなり入れ替わっている．もちろん計算のたびに必要なデータを探すことも可能であるが，計算効率がかなり悪くなってしまう．ここで入力データの順序に注目すると，かなり規則的な入れ替わり方をしている．サンプリングによって得られたデータ系列を $x(0),\ x(1),\cdots,x(n)$ とすると，つぎのように考えることができる．

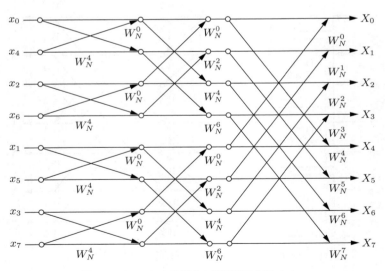

図 4.4 DFT による完全な時間間引き型フロー

$$
\begin{aligned}
x(0) &= x(000_2) & x(000_2) &= x(0) \\
x(1) &= x(001_2) & x(100_2) &= x(4) \\
x(2) &= x(010_2) & x(010_2) &= x(2) \\
x(3) &= x(011_2) \Rightarrow & x(110_2) &= x(6) \\
x(4) &= x(100_2) & x(001_2) &= x(1) \\
x(5) &= x(101_2) & x(101_2) &= x(5) \\
x(6) &= x(110_2) & x(011_2) &= x(3) \\
x(7) &= x(111_2) & x(111_2) &= x(7)
\end{aligned}
\tag{4.22}
$$

まず,入力された時系列データの離散時間 n の値を 2 進数で表現する。添え字の 2 は 2 進数での表現であることを意味している。この 2 進数の各ビットについて順序を逆順にした 2 進数を求める。そして,その 2 進数を 10 進数に戻すと,FFT の計算に必要なデータ順となる。

時間間引き型 FFT のアルゴリズムをまとめると,つぎのようになる。

Step 1: サンプリング周波数,サンプル数などを決定する。
Step 2: ビット反転操作により入力系列の順序を決定する。
Step 3: 計算に必要な $W_N = e^{-j(2\pi/N)}$ を計算しておく。
Step 4: FFT の計算式を用いて周波数成分を求める。

時間間引き型 FFT が入力信号を偶数・奇数で分けていくのに対し,周波数間引き型は入力信号を前半・後半に分けていく。周波数間引き型の信号フローも時間間引き型と類似したフローとなり,性能的にはいずれを選んでも問題はない。

4.2.2　2 次元高速フーリエ変換

2 次元連続信号のフーリエ変換は,つぎに示すように 1 次元フーリエ変換を x 方向,y 方向に 1 回ずつ行ったのと同じことになる。

$$F(u,v) = \int_{-\infty}^{\infty} \int_{-\infty}^{\infty} f(x,y) e^{-j2\pi(ux+vy)} dx dy$$

$$= \int_{-\infty}^{\infty} \left(\int_{-\infty}^{\infty} f(x,y) e^{-j2\pi ux} dx \right) e^{-j2\pi vy} dy$$

$$= \int_{-\infty}^{\infty} F_1(u,y) e^{-j2\pi vy} dy \tag{4.23}$$

$$F_1(u,y) = \int_{-\infty}^{\infty} f(x,y) e^{-j2\pi ux} dx \tag{4.24}$$

ディジタル画像 $f(m,n)$ に対する離散フーリエ変換も同様に，1次元離散フーリエ変換を2回行うように定式化することができる．

$$\begin{aligned} F(u,v) &= \frac{1}{\sqrt{MN}} \sum_{m=0}^{M-1} \sum_{n=0}^{N-1} f(m,n) e^{-j2\pi(um/M+vn/N)} \\ &= \frac{1}{\sqrt{N}} \sum_{n=0}^{N-1} \left(\frac{1}{\sqrt{M}} \sum_{m=0}^{M-1} f(m,n) e^{-j2\pi um/M} \right) e^{-j2\pi vn/N} \\ &= \frac{1}{\sqrt{N}} \sum_{n=0}^{N-1} F_1(u,y) e^{-j2\pi vn/N} \end{aligned} \tag{4.25}$$

$$F_1(u,y) = \frac{1}{\sqrt{M}} \sum_{m=0}^{M-1} f(m,n) e^{-j2\pi um/M} \tag{4.26}$$

式 (4.25) に示すように，m 方向に1次元FFTを行った結果に対して，n 方向に1次元FFTを行うことで，2次元のFFTの計算を行うことができる．

4.3　周波数空間におけるフィルタリング

ここでは，周波数空間におけるフィルタリングについて説明する．周波数空間においても，前章で説明したような雑音除去やエッジ抽出などを行うことができる．

4.3.1　低域通過フィルタによる雑音除去

低域通過フィルタにもいろいろなものがあるが，ここでは理想フィルタとバタワースフィルタを取り上げることにする．

（1）理想フィルタによる雑音除去　　理想フィルタのインパルス応答 $h(x,y)$ をフーリエ変換して得られる周波数特性 $H(u,v)$ は，つぎのように表すことができる．ここで，ω_0 はカットオフ角周波数を表す．

$$H_l(u,v) = \begin{cases} 1 & \sqrt{u^2+v^2} \leqq \omega_0 \\ 0 & \sqrt{u^2+v^2} > \omega_0 \end{cases} \tag{4.27}$$

フィルタ特性を u 軸から見た図を図 **4.5** に示す．つぎに，2 次元入力信号を $f(x,y)$，フィルタを通過した後の出力画像を $g(x,y)$，それぞれのフーリエ変換を $F(u,v)$，$G(u,v)$ とすると，周波数空間においてつぎの関係が成り立つ．

$$G(u,v) = H(u,v) \cdot F(u,v) \tag{4.28}$$

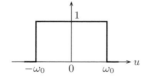

図 **4.5**　理想低域通過フィルタの周波数特性

式 (4.28) を逆フーリエ変換することによって，フィルタ通過後の実空間画像を得ることができる．フーリエ変換の性質の一つとして，周波数空間における関数の積は，実空間における関数の畳み込み演算となる．

$$g(x,y) = \int_{-\infty}^{\infty} \int_{-\infty}^{\infty} h(x-\mu, y-\nu) f(x,y) d\mu d\nu \tag{4.29}$$

（2）バタワースフィルタによる雑音除去　　バタワースフィルタのインパルス応答 $h(x,y)$ をフーリエ変換して得られる周波数特性 $H(u,v)$ は，つぎのように表すことができる．

$$H_l(u,v) = \frac{1}{1 + \left(\dfrac{\sqrt{u^2+v^2}}{\omega_0}\right)^{2n}} \tag{4.30}$$

フィルタ特性を u 軸から見た図を図 **4.6** に示す．入力画像と出力画像のフーリエ変換を $F(u,v)$，$G(u,v)$ とすると，理想フィルタの場合と同様，$G(u,v) = H(u,v) \cdot F(u,v)$ の関係が成り立つ．この $G(u,v)$ を逆フーリエ変換することによって，フィルタ通過後の実空間画像を得る．

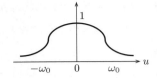

図 4.6 バタワース低域通過フィルタの周波数特性

4.3.2 高域通過フィルタによるエッジ抽出

前章では，画像を微分することによりエッジを抽出する方法について説明した。ここでは，周波数空間において高域通過フィルタを用いることによって，エッジを抽出する方法について説明する。フーリエ級数を学んだ人はすでに知っていると思うが，急激な変化を持つ信号には，高い周波数成分が含まれている。画像においてエッジがはっきりと見えることは，画像の中に急激な変化をする部分が含まれることを意味する。その急激な変化を形作っている高い周波数成分だけを取り出すことによって，エッジ抽出を行うことができる。

低域通過フィルタの周波数特性を $H_l(u,v)$，高域通過フィルタの周波数特性を $H_h(u,v)$ とするとき，高域通過フィルタ特性は低域通過フィルタ特性を用いて，つぎのように表現することができる。

$$H_h(u,v) = 1 - H_l(u,v) \tag{4.31}$$

（1） 理想フィルタによるエッジ抽出 理想高域通過フィルタのインパルス応答 $h(x,y)$ をフーリエ変換して得られる周波数特性 $H(u,v)$ は，つぎのように表すことができる。

$$H_h(u,v) = \begin{cases} 0 & \sqrt{u^2+v^2} \leqq \omega_0 \\ 1 & \sqrt{u^2+v^2} > \omega_0 \end{cases} \tag{4.32}$$

フィルタ特性を u 軸から見た図を**図 4.7** に示す。入力画像と出力画像のフーリエ変換を $F(u,v)$，$G(u,v)$ とすると，理想低域通過フィルタの場合と同様，$G(u,v) = H(u,v) \cdot F(u,v)$ の関係が成り立つ。この $G(u,v)$ を逆フーリエ変換することによって，フィルタ通過後の実空間画像を得る。その結果，エッジが抽出される。

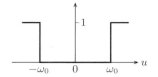

図 **4.7** 理想高域通過フィルタの周波数特性

(2) バタワースフィルタによるエッジ抽出　バタワースフィルタのインパルス応答 $h(x,y)$ をフーリエ変換して得られる周波数特性 $H(u,v)$ をもとにして得られる高域通過フィルタは，つぎのように表すことができる．

$$H_h(u,v) = \frac{\left(\frac{\sqrt{u^2+v^2}}{\omega_0}\right)^{2n}}{1+\left(\frac{\sqrt{u^2+v^2}}{\omega_0}\right)^{2n}} \tag{4.33}$$

また，フィルタ特性を u 軸から見た図を図 **4.8** に示す．入力画像と出力画像のフーリエ変換を $F(u,v)$，$G(u,v)$ とすると，理想高域通過フィルタの場合と同様，フィルタ通過後の実空間画像を得ることができる．この処理によって抽出されたエッジは，理想高域通過フィルタとは若干異なったものとなる．

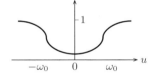

図 **4.8** バタワース高域通過フィルタの周波数特性

┌ コーヒーブレイク ┐

オペレータ処理との合わせ技

　前章でオペレータ処理によるフィルタリングについて説明した．実空間でも周波数空間でも基本的には同様の処理を行っている．オペレータ処理を行う場合でも，周波数空間における処理のことがわかっていると理解の助けになることがある．よく知られているエッジ抽出の方法として，入力画像に対してガウシアンフィルタ（ガウシアンパラメータ）で処理を行い，その結果を原画像から差し引く方法がある．ガウシアンフィルタは低域通過フィルタなので，周波数空間において $1 - H(u,v) \cdot F(u,v)$ の演算を行っていることになる．

5 多重解像度による画像処理

 通常の画像処理では，一定サイズ（解像度，画素数）の画像を使って処理を行う．しかし，同一画像をいろいろな解像度で処理する場合がある．そのときに用いられる方法として，画像ピラミッドとウェーブレット変換がある．例えば，画像中から顔などの物体を検出するときなど，対象物がどのような大きさで現れるかがわからない．そのような場合に，いろいろな解像度の画像を用意して，全画像に対して探索を行う．複数画像の対応点探索などにもこの考え方が利用される．本章では，画像ピラミッド，短時間フーリエ変換，1次元ウェーブレット変換，2次元ウェーブレット変換について記述する．

5.1 画像ピラミッド

 画像ピラミッドでよく知られているものとして，ガウシアンピラミッドとラプラシアンピラミッドがある．ここではその二つについて説明する．

5.1.1 ガウシアンピラミッド

 スケールが変わっても画像上に特徴的に現れるキーポイントと呼ばれる点を検出する際に，ガウシアンピラミッドが用いられる．ガウシアンピラミッドとは，1枚の画像に対して，ボケ具合を変えた複数のガウシアンフィルタを段階的に適用した画像群のことである．最大解像度の画像を下に置き，最小解像度の画像を上に積むと，ピラミッドのような形になることから，このように名づけられている．

ガウシアンピラミッドを作るには，まず $M \times N$ の低レベル（高解像度）画像の行と列を間引いて $M/2 \times N/2$ の高レベル（低解像度）画像を作る．つぎに高レベル画像にガウシアンフィルタをかける．この変更によって画像の解像度が 1/4 に削減される．同様の処理をピラミッド中で高レベル方向（低解像度方向）に向かって続ける．拡張するときには，レベルごとに解像度を 4 倍にしていく．ガウシアンピラミッドの例を図 **5.1** に示す．

(a) 原画像　　　　　(b) ガウシアンピラミッド

図 **5.1**　ガウシアンピラミッドの例

5.1.2　ラプラシアンピラミッド

ラプラシアンピラミッドは，原画像の解像度を変えたものに対して，ラプラシアンフィルタを実行することによって得られる．したがって，ラプラシアンピラミッドは，エッジ画像のような画像群になる．実際の処理では，ガウシアンピラミッドで得られた画像から作成する場合もある．ここでは，ガウシアンピラミッドから作成する方法について述べる．大半が 0-画素（濃度値が最小値 0 の画素）になるので，画像圧縮の際などによく用いられる．ラプラシアンピラミッド中の 1-画素は，ガウシアンピラミッド中の同一レベルの画像と，その上位レベルの画像をアップサンプルした画像の差分画像になる．ラプラシアンピラミッドの例を図 **5.2** に示す．図のように，各画素に対するラプラシアンの出力値には大きな差がないため，ラプラシアンピラミッドを画像化すると，きわめてコントラストの低い画像となる．

(a) 原画像　　　　　　　(b) ラプラシアンピラミッド

図 **5.2**　ラプラシアンピラミッドの例

5.2　短時間フーリエ変換

フーリエ変換は，入力信号と周期的な基底関数との内積をとることによって計算を行う方法であった。信号の持つ周波数成分を調べるには優れた方法であるが，その周波数情報がどの時間に現れたものかを調べることが難しい。フーリエ変換の時間分解能を高めて時間周波数解析を行うときによく用いられるものとして，短時間フーリエ変換（short-time Fourier transform; STFT）がある。

1 次元信号を $f(t)$，窓関数を $w(t)$ とすると，短時間フーリエ変換はつぎのように表すことができる。短時間フーリエ変換 $\mathrm{STFT}(b,\omega)$ は，周期的な基底関数 $e^{-j\omega t}$ に窓関数を乗じて，図 **5.3** のような基底関数を作り，その基底関数と入力信号との内積を計算したものである。

$$\mathrm{STFT}(b,\omega) = \int_{-\infty}^{\infty} f(\tau)w(\tau-b)e^{-j\omega\tau}d\tau \tag{5.1}$$

基底関数の何周期分を計算するかによって周波数分解能にはばらつきが出るが，その周波数成分がどの時点で現れたかの時間分解能は向上する。

実際の計算では離散時間信号が扱われる。入力信号をサンプリングした信号を $f[n]$，離散的な窓関数を $w[n]$ とすると，離散時間の短時間フーリエ変換 $\mathrm{STFT}[n,\omega]$ は，つぎのように表すことができる。

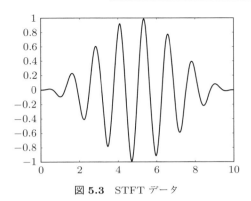

図 5.3 STFT データ

$$\text{STFT}[n, \omega] = \sum_{m=-\infty}^{\infty} f[m]w[m-n]e^{-j\omega m} \tag{5.2}$$

短時間フーリエ変換を用いることによって時間周波数解析を行うことができるが，時間分解能と周波数分解能の間にトレードオフの問題が起きる．窓関数の時間幅を固定したとき，高い周波数ではその時間幅に基底関数が多周期含まれるのに対して，低い周波数では少ない周期しか含まれない．その周波数による周期数の違いが，分解能に影響を与えることになる．

5.3 1次元ウェーブレット変換

まず，1次元ウェーブレット変換について説明する．先に示したように，短時間フーリエ変換は，時間分解能と周波数分解能の間にトレードオフがある．その点を改善した時間周波数解析法として，ウェーブレット変換 (wavelet transform) がある．図 5.4 に示すように，短時間フーリエ変換ではどの周波数帯域でも窓関数の時間幅が等しいのに対して，ウェーブレット変換では周波数の低い帯域では窓関数の時間幅を広げ，高い周波数帯域では時間幅を狭めている．これによって，どの周波数帯域でも同様の分解能を得ることができるようになっている．

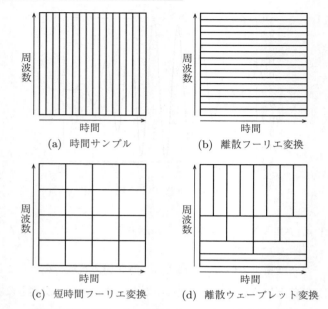

図 5.4 短時間フーリエ変換とウェーブレット変換における時間周波数解析

5.3.1 1次元連続ウェーブレット変換

フーリエ変換と同様，ウェーブレット変換でも入力信号と基底関数との内積をとっている。ウェーブレット変換の基底関数 $\psi(t)$ として，つぎの二つの条件を満たすものを考える。

$$\int_{-\infty}^{\infty} \psi(t)dt = 0 \tag{5.3}$$

$$\int_{-\infty}^{\infty} |\psi(t)|^2 dt = 1 \tag{5.4}$$

関数 $\psi(t)$ を s 倍に拡大し，u だけ平行移動した関数 $\psi_{u,s}(t)$ をつぎのように表現する。この関数をマザーウェーブレット（あるいは簡単にウェーブレット）という。ウェーブレットの例を図 5.5 に示す。

$$\psi_{u,s}(t) = \frac{1}{\sqrt{s}} \psi\left(\frac{t-u}{s}\right) \tag{5.5}$$

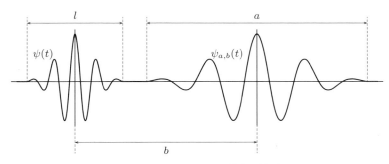

図 5.5 ウェーブレット基底関数例

入力信号 $f(t)$ のウェーブレット変換 $W(u,s)$ は,マザーウェーブレット $\psi_{u,s}(t)$ の内積として,つぎのように定義される.ここで,$\psi_{u,s}^{*}(t)$ は $\psi_{u,s}(t)$ の複素共役を表す.

$$W(u,s) = \int_{-\infty}^{\infty} f(t) \frac{1}{\sqrt{s}} \psi^{*}\left(\frac{t-u}{s}\right) dt \tag{5.6}$$

$W(u,s)$ はスケール s と平行移動 u の関数となっており,関数 $f(t)$ の連続ウェーブレット変換 (continuous wavelet transform) と呼ばれている.また,$f(t)$ は連続ウェーブレット変換 $W(u,s)$ から,つぎのように再構成される.

$$f(t) = \frac{1}{C_{\Psi}} \int_{-\infty}^{\infty} W(u,s) \frac{1}{\sqrt{s}} \psi\left(\frac{t-u}{s}\right) du \frac{ds}{s^2} \tag{5.7}$$

$$C_{\Psi} = \int_{0}^{\infty} \frac{|\Psi(w)|}{w} dw < \alpha$$

マザーウェーブレット $\psi(t)$ の例として,分散 σ^2 のガウス関数の 2 階微分として記述されるメキシカンハット (Mexican hat) ウェーブレットが知られている.メキシカンハットウェーブレットは,つぎのように定式化できる.

$$\psi(t) = \frac{2}{\pi^{1/4}\sqrt{3\sigma}} \left(\frac{t^2}{\sigma^2} - 1\right) \exp\left(-\frac{t^2}{2\sigma^2}\right) \tag{5.8}$$

メキシカンハットウェーブレットは,$\sigma = 1$ として,つぎのように書かれることもある.

$$\psi(t) = (1 - t^2) e^{-t^2/2} \tag{5.9}$$

メキシカンハットウェーブレットの波形を図 5.6 に示す。また，マザーウェーブレットを用いてウェーブレット変換 $W(u,s)$ の係数値を輝度として表したものを図 5.7 に示す。このような図をスケーログラム（scalogram）という。また，連続ウェーブレット変換により基底関数に分離した結果を図 5.8 に示す。

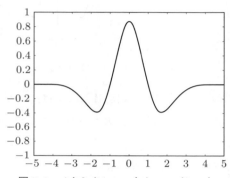

図 5.6 メキシカンハットウェーブレット

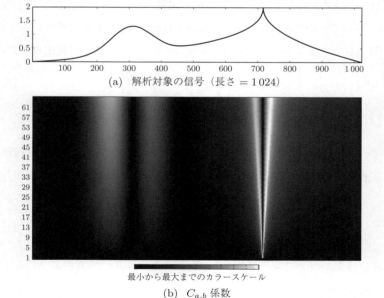

(a) 解析対象の信号（長さ $= 1\,024$）

最小から最大までのカラースケール

(b) $C_{a,b}$ 係数

図 5.7 1 次元連続ウェーブレット変換で得られる係数値の変化

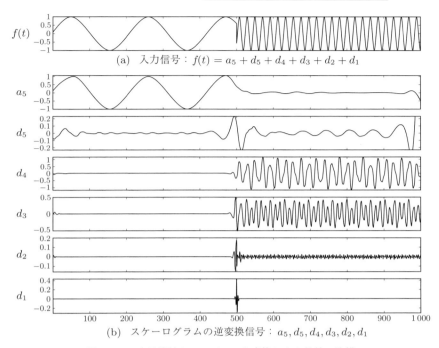

図 5.8 1次元連続ウェーブレット変換による信号の分離

図 (a) に示す入力信号 $f(t)$ に対してスケーログラムを作り，$0 \leqq s < 1$ (d_1)，$1 \leqq s < 2$ (d_2)，$2 \leqq s < 3$ (d_3)，$3 \leqq s < 4$ (d_4)，$4 \leqq s < 5$ (d_5) および $s > 5$ (a_5) の範囲において逆変換を行って得られた波形を図 (b) に示している。連続ウェーブレット変換で用いられるマザーウェーブレットは，s, u の値を自由に設定できる反面，任意の s, u のウェーブレットが直交していない。そのため，関数の展開は冗長なものになる。

5.3.2 1次元直交ウェーブレット変換

スケールおよび平行移動をそれぞれ $s = 2^j$，$u = 2^j n$（j, n は整数）と離散化したウェーブレット $\psi_{j,n}(t)$ の集合を基底関数と考えると，この基底関数は互いに直交し，ノルムが1に正規化されている。

$$\psi_{j,n}(t) = \frac{1}{\sqrt{2^j}} \psi\left(\frac{t - 2^j n}{2^j}\right) \tag{5.10}$$

この正規直交関数系によるウェーブレット係数 $w_j[n]$ を用いて，関数 $f(t)$ をつぎのように表すことができる。

$$f(t) = \sum_{j=-\infty}^{\infty} \sum_{n=-\infty}^{\infty} w_j[n] \psi_{j,n}(t) \tag{5.11}$$

関数 $f(t)$ は，スケールが 2^j 以上の低い周波数成分の部分空間 $Pf(t)$ と，2^j 以下の高い周波数成分のウェーブレット成分により，つぎのように表現できる。

$$f(t) = Pf(t) + \sum_{k=-\infty}^{j} \sum_{n=-\infty}^{\infty} w_k[n] \psi_{k,n}(t) \tag{5.12}$$

部分空間 $Pf(t)$ は，スケーリング関数 $\phi_{j,n}(t)$ を用いて，つぎのように表現できる。

$$Pf(t) = \sum_{n=-\infty}^{\infty} v_j[n] \phi_{j,n}(t) \tag{5.13}$$

スケーリング関数 $\phi_{j,n}(t)$ の直交性より，$v_j[n]$ はつぎのようになる。

$$v_j[n] = \langle Pf(t), \phi_{j,n}(t) \rangle \tag{5.14}$$

ここで，$\langle \cdot, \cdot \rangle$ は内積を表す。スケーリング関数は，正規直交基底 $\phi(t-n)$ とインパルス応答 $h[n]$ を用いて，つぎのように表現できる。

$$\frac{1}{\sqrt{2}} \phi\left(\frac{t}{2}\right) = \sum_{n=-\infty}^{\infty} h[n] \phi(t-n) \tag{5.15}$$

また，このスケーリング関数 $\phi(t)$ とマザーウェーブレット $\psi(t)$ との関係は，インパルス応答 $g[n]$ を用いて，つぎのように表すことができる。

$$\frac{1}{\sqrt{2}} \psi\left(\frac{t}{2}\right) = \sum_{n=-\infty}^{\infty} g[n] \phi(t-n) \tag{5.16}$$

インパルス応答 $h[n]$ と $g[n]$ の間には，つぎの関係が成り立つ。したがって，$h[n]$ を決めると $g[n]$ は一意に決まることになる。

$$g[n] = (-1)^{1-n} h[1-n] \tag{5.17}$$

直交ウェーブレットでよく知られているものとして,Haar ウェーブレット,Daubechies ウェーブレット,Coiflet ウェーブレットなどがある。Haar の基本ウェーブレットは,つぎのスケーリング関数 $\phi(t)$ を用いて作ることができる。

$$\phi(t) = \begin{cases} 1 & 0 \leqq t < 1 \\ 0 & \text{その他} \end{cases} \tag{5.18}$$

$$\psi(t) = \begin{cases} -1 & 0 \leqq t < \dfrac{1}{2} \\ 1 & \dfrac{1}{2} \leqq t < 1 \\ 0 & \text{その他} \end{cases} \tag{5.19}$$

Haar ウェーブレットの基本ウェーブレットとスケーリング関数を図 **5.9** に示す。

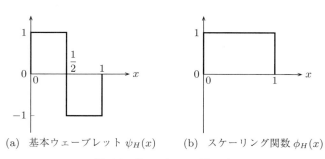

(a) 基本ウェーブレット $\psi_H(x)$ (b) スケーリング関数 $\phi_H(x)$

図 **5.9** Haar ウェーブレット

つぎに,Daubechies の基本ウェーブレットを示す。Daubechies ウェーブレットは,零モーメントの個数 p が与えられたときに決定される。

$$\int_{-\infty}^{\infty} t^k \psi(t) dt = 0, \quad 0 \leqq k < p \tag{5.20}$$

Daubechies ウェーブレットの基本ウェーブレットとスケーリング関数の一例を図 **5.10** に示す。

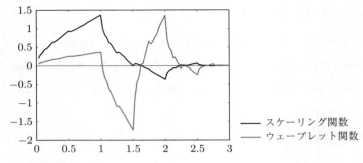

図 5.10 Daubechies ウェーブレットの 4 タップ関数

Coiflet ウェーブレットは，p 個の零モーメントを持ち，スケーリング関数 $\phi(t)$ がつぎの条件を満たすものをいう。

$$\int_{-\infty}^{\infty} t^k \phi(t)dt = 0, \quad 0 \leq k < p \tag{5.21}$$

$$\int_{-\infty}^{\infty} \phi(t)dt = 1 \tag{5.22}$$

5.3.3 1次元離散ウェーブレット変換

離散信号を $v_0[n]$，スケーリング関数を $\phi(t-n)$ とすると，関数 $f(t)$ はつぎのように表すことができる。

$$f(t) = \sum_{n=-\infty}^{\infty} v_0[n]\phi(t-n) \tag{5.23}$$

このことから，離散ウェーブレット係数 $w_j[n]$ と部分空間の展開係数 $v_j[n]$ はつぎのように表現できる。

$$w_j[n] = \langle f(t), \psi_{j,n}(t) \rangle, \quad j \geq 1 \tag{5.24}$$

$$v_j[n] = \langle f(t), \phi_{j,n}(t) \rangle \tag{5.25}$$

このようにして，離散信号 $v_0[n]$ は，解像度が 1/2 の離散信号 $v_1[n]$ とウェーブレット係数 $w_1[n]$ に分解され，$v_1[n]$ は $v_2[n]$ と $w_2[n]$ に分解される。この処理は，スケール 2^j の成分を考えると，二つの離散フィルタ $\overline{h}[n] = h[-n]$,

$\overline{g}[n] = g[-n]$ の出力を 2:1 にダウンサンプリングすることによって次式のように求められ，フィルタバンクを用いると図 **5.11** のようになる．

$$v_{j+1}[p] = \sum_{n=-\infty}^{\infty} h[n-2p]v_j[n] = \sum_{n=-\infty}^{\infty} \overline{h}[2p-n]v_j[n] \tag{5.26}$$

$$w_{j+1}[p] = \sum_{n=-\infty}^{\infty} g[n-2p]v_j[n] = \sum_{n=-\infty}^{\infty} \overline{g}[2p-n]v_j[n] \tag{5.27}$$

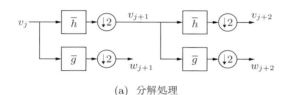

(a) 分解処理

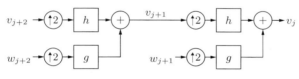

(b) 合成処理

図 **5.11** フィルタバンクによる 1 次元離散ウェーブレット変換の分解と合成

また，ウェーブレット合成を行う場合には，上記と逆の操作となり，1 サンプルごとに 0 を挿入して 1:2 にアップサンプルしたあとで，フィルタ出力の和として計算を行う．

$$v_j[p] = \sum_{n=-\infty}^{\infty} h[n-2p]\check{v}_{j+1}[n] + \sum_{n=-\infty}^{\infty} g[p-2n]\check{w}_{j+1}[n] \tag{5.28}$$

ここで，$\check{x}[n]$ は $x[n]$ をアップサンプルした信号を示しており，つぎのように表すことができる．

$$\check{x}[n] = \begin{cases} x[p] & n = 2p \\ 0 & n = 2p+1 \end{cases} \tag{5.29}$$

72　5. 多重解像度による画像処理

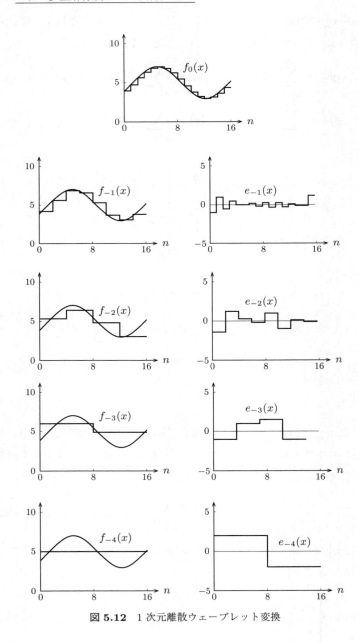

図 **5.12**　1 次元離散ウェーブレット変換

1次元離散ウェーブレット変換の分解および合成を図示すると，図 **5.12** のようになる。

5.4　2次元ウェーブレット変換

5.4.1　2次元連続ウェーブレット変換

画像解析では，2次元のウェーブレット変換が用いられる。1次元ウェーブレット変換を2次元に拡張した式をつぎに示す。ここでは，入力画像を $f(x,y)$，マザーウェーブレットを $\psi(x,y)$ としている。

$$W(s,a,b) = \frac{1}{\sqrt{s}} \int_{-\infty}^{\infty} \int_{-\infty}^{\infty} f(x,y)\psi^* \left(\frac{x-a}{s}, \frac{y-b}{s} \right) dxdy \quad (5.30)$$

2次元ウェーブレット変換の再構成は，つぎのように表すことができる。

$$f(x,y) = \frac{1}{C_\psi} \int_{-\infty}^{\infty} \int_{-\infty}^{\infty} W(s,a,b)\psi \left(\frac{x-a}{s}, \frac{y-b}{s} \right) dadb \frac{ds}{s^2} \quad (5.31)$$

上式で，C_ψ は以下の式で表すことができる。

$$C_\psi = \int_0^\infty \int_0^\infty \frac{\|\Psi(u,v)\|}{\sqrt{u^2+v^2}} \quad (5.32)$$

ここで，$\Psi(u,v)$ は $\psi(x,y)$ のフーリエ変換である。画像処理の応用としては後述の2次元離散ウェーブレットが利用されるので，2次元連続ウェーブレットが使われることは少ない。2次元連続ウェーブレットのマザーウェーブレットとしては，メキシカンハットウェーブレットが知られている。メキシカンハットウェーブレットは次式で表される。

$$\psi(x,y) = \left(x^2 + y^2 - 2\right) e^{-(x^2+y^2)/2} \quad (5.33)$$

最近，CUDA（Compute Unified Device Architecture；クーダ）という C 言語統合環境が開発されており，CUDA の並列処理計算を用いて2次元連続ウェーブレット変換を行う方法なども報告されている。2次元連続ウェーブレットで変換した結果を図 **5.13** に示す。

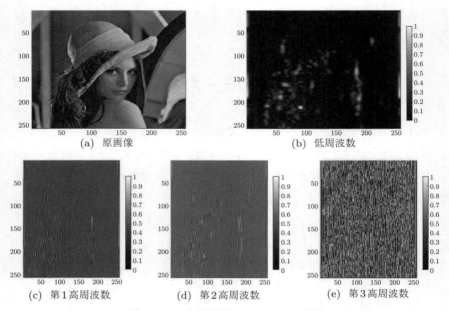

図 **5.13** 2 次元連続ウェーブレット変換

5.4.2 2 次元離散ウェーブレット変換

2 次元ウェーブレット変換を行うときの正規直交基底関数 $\psi_{j,n}$ は，x 軸，y 軸に対する 1 次元の正規直交基底関数を用いて，$\psi_{j,m}(x)\psi_{l,n}(y)$ とすることができる．また，1 次元の場合と同様に分離型正規直交基底 $\phi_{j,m,n}(x,y)$ を作ると，つぎのようになる．

$$\phi_{j,m,n}(x,y) = \phi_{j,m}(x)\phi_{j,n}(y) = \frac{1}{2^j}\phi\left(\frac{x-2^jm}{2^j}\right)\phi\left(\frac{y-2^jn}{2^j}\right) \tag{5.34}$$

ここで，スケール 2^j に対して画像の変動成分を含む空間を W_j^H, W_j^V, W_j^D とすると，それぞれのマザーウェーブレットはつぎのようになる．

$$\psi^H(x,y) = \phi(x)\psi(y) \tag{5.35}$$

$$\psi^V(x,y) = \psi(x)\phi(y) \tag{5.36}$$

$$\psi^D(x,y) = \psi(x)\psi(y) \tag{5.37}$$

これらのマザーウェーブレットは，$\psi^H(x,y)$ が垂直方向の変化，$\psi^V(x,y)$ が水平方向の変化，$\psi^D(x,y)$ が対角方向の変化を表す成分となっている．2次元離散信号 $v_0[m,n]$ が与えられたとき，部分空間の展開係数 $v_j[m,n]$ と2次元ウェーブレット係数 w_j^k ($k=H,V,D$) は，つぎのように表現できる．ここで，$h[m,n]$, $g[m,n]$ は離散フィルタ（インパルス応答）を表している．

$$v_{j+1}[p,q] = \sum_{m=-\infty}^{\infty}\sum_{n=-\infty}^{\infty} h[m-2p]h[n-2q]v_j[m,n] \tag{5.38}$$

$$w_{j+1}^H[p,q] = \sum_{m=-\infty}^{\infty}\sum_{n=-\infty}^{\infty} h[m-2p]g[n-2q]v_j[m,n] \tag{5.39}$$

$$w_{j+1}^V[p,q] = \sum_{m=-\infty}^{\infty}\sum_{n=-\infty}^{\infty} g[m-2p]h[n-2q]v_j[m,n] \tag{5.40}$$

$$w_{j+1}^D[p,q] = \sum_{m=-\infty}^{\infty}\sum_{n=-\infty}^{\infty} g[m-2p]g[n-2q]v_j[m,n] \tag{5.41}$$

このウェーブレット分解の様子を図示すると，図 **5.14** (a) のようになる．画像の再構成については，スケール 2^{j+1} の成分から次式によってスケール 2^j の v_j 成分を求めることができる．

$$\begin{aligned}
v_j[p,q] =& \sum_{m=-\infty}^{\infty}\sum_{n=-\infty}^{\infty} h[m-2p]h[n-2q]\check{v}_{j+1}[m,n] \\
&+ \sum_{m=-\infty}^{\infty}\sum_{n=-\infty}^{\infty} h[m-2p]g[n-2q]\check{w}_{j+1}^H[m,n] \\
&+ \sum_{m=-\infty}^{\infty}\sum_{n=-\infty}^{\infty} g[m-2p]h[n-2q]\check{w}_{j+1}^V[m,n] \\
&+ \sum_{m=-\infty}^{\infty}\sum_{n=-\infty}^{\infty} g[m-2p]g[n-2q]\check{w}_{j+1}^D[m,n]
\end{aligned} \tag{5.42}$$

ウェーブレット再構成を図示すると，図 5.14 (b) のようになる．

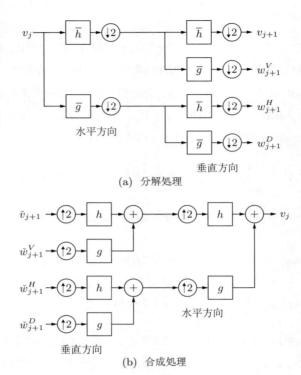

図 5.14 フィルタバンクによる 2 次元離散ウェーブレット変換の分解と合成

図 5.15 に，画像を 2 次元ウェーブレット変換した例を示す。この例では，4成分への分解を 2 回繰り返している。左上の最も低い周波数領域は原画像が縮小されたような画像となっているが，その他の成分は垂直方向・水平方向・対角方向の変化量が強調されている。これらの成分を画像特徴量として求めることもある。

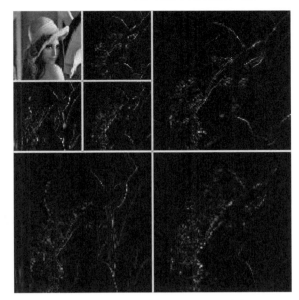

図 5.15　2 次元離散ウェーブレット変換

6 2値化とモルフォロジー演算

　この章では，画像に写っている対象物と背景を2値化処理によって分離する方法について説明する。2値化画像は，後の章で説明する形状抽出や特徴量解析の際にも必要となる。また，2値化画像には画像の前処理で除去できなかった大きな雑音や，フィルタ処理では除去できない種類の雑音が残っているため，これらの雑音を除去する方法として，モルフォロジー演算について説明する。

6.1　固定閾値法による2値化

　2値化とは，ある閾値を設定することで，その閾値を境に画像を 0（黒）と 255（白）の2値に分ける操作である。画像全体に対して一つの閾値とする固定閾値法であり，入力画像を $f(i,j)$，出力画像を $g(i,j)$ とし，閾値を T とすると，次式のように表される。

$$g(i,j) = \begin{cases} 255 & f(i,j) \leq T \\ 0 & f(i,j) > T \end{cases} \tag{6.1}$$

　固定閾値法では，まず濃度画像（グレースケール画像）のヒストグラムを作り，つぎに対象物と背景を分ける閾値を決定する。閾値は，2値化の結果を見ながら対話的に試行錯誤によって決めていくことになる。画像の枚数が少なく，撮影の条件が一定のときなどには，有効な方法である。

　一般的な研究では，撮影条件の変化などに対応するために，次節で説明する自動閾値決定法を用いることが多い。

6.2 自動閾値決定法による2値化

これまでにいくつかの自動閾値決定法が提案されている。ここでは画像処理によく用いられるpタイル法，モード法，判別分析による方法について説明する。

6.2.1 pタイル法

この手法は，画像中の対象物の大きさの割合が$p\%$であるとわかっているときによく使われる。閾値には，図 6.1 に示すように，濃度画像（グレースケール画像）の濃度ヒストグラムにおいて最大値からの累積度数が$p\%$になったときの濃度値を選ぶ。最も簡単な閾値決定法であり，古くからよく用いられている。

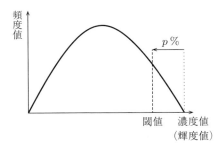

図 6.1　pタイル法による2値化

pタイル法は，つぎのような画像に対して有効な方法である。
(1) 対象物の画像中での面積比率がわかっている。
(2) 対象物を構成する画素の濃度値（輝度値）が，ある範囲に集中している。
(3) 対象物に対応する濃度値範囲と他の物体の濃度値範囲が分かれている。
上記の特性のため，実際の適用は限定的なものになる。

6.2.2 モード法

モード法は，図 6.2 に示すように，濃度画像（グレースケール画像）の濃度ヒストグラムが双峰性を持つ場合に用いられる手法である。一般に，二つの局

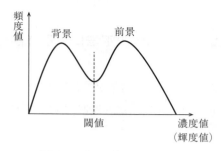

図 6.2 モード法による 2 値化

所的最大値の間には,一つの局所的最小値が存在する。その局所的最小値の濃度値を閾値として 2 値化を行う方法であり,最頻値(モード)を利用していることからモード法と呼ばれている。

モード法は,つぎのような画像に対して有効な方法である。
(1) 濃度値によって画像を前景(対象物)と背景に明確に分離できる。
(2) 濃度ヒストグラムが,前景と背景の双峰性を持つ。

上記の特性のため,対象物と前景を分離する場合などに適用される。モード法によって,画像の前景と背景を分離した例を**図 6.3** に示す。

(a) 原画像

(b) 2 値化画像

図 6.3 モード法による 2 値化例

6.2.3 判別分析による 2 値化

モード法はヒストグラムが双峰性を持つときには有効な手法であるが,はっきりとした双峰性がない場合には,必ずしも十分な結果を得られない。そのよ

うな場合にも利用できる自動閾値決定法が提案されている．ここでは，画像解析の際によく用いられている大津の 2 値化法について説明する．閾値 t で 2 値化するとき，閾値よりも濃度値が小さい側の画素数を w_1，平均を m_1，分散を σ_1^2，濃度値が大きい側の画素数を w_2，平均を m_2，分散を σ_2^2，画像全体の画素数を w_t，平均を m_t，分散を σ_t^2 としたとき，クラス内分散 σ_w^2 は次式で表すことができる．

$$\sigma_w^2 = \frac{w_1 \sigma_1^2 + w_2 \sigma_2^2}{w_1 + w_2} \tag{6.2}$$

クラス間分散 σ_b^2 は

$$\sigma_b^2 = \frac{w_1(m_1 - m_t)^2 + w_2(m_2 - m_t)^2}{w_1 + w_2} = \frac{w_1 w_2 (m_1 - m_2)^2}{w_1 + w_2} \tag{6.3}$$

として表すことができる．ここで，全分散 σ_t^2 は

$$\sigma_t^2 = \sigma_b^2 + \sigma_w^2 \tag{6.4}$$

として表すことができるので，求めるクラス間分散とクラス内分散との比である分離度は，つぎのようになる．

$$\frac{\sigma_b^2}{\sigma_w^2} = \frac{\sigma_b^2}{\sigma_t^2 - \sigma_b^2} \tag{6.5}$$

ここで，全分散 σ_t^2 は閾値に関係なく一定なので，クラス間分散 σ_b^2 が最大となる閾値を求めればよいことがわかる．さらにクラス間分散の式の分母も閾値に関係なく一定なので，クラス間分散の分子

$$w_1 w_2 (m_1 - m_2)^2 \tag{6.6}$$

を最大とする値 t が求める閾値である．

大津の 2 値化法のアルゴリズムは，つぎのようになる．

Step 1： 図 **6.4** に示すように，画像の濃度ヒストグラムを作成し，2 値化のための閾値を k^* とする．

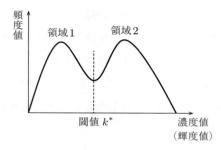

図 **6.4** 判別分析法による 2 値化

Step 2： 初期閾値を $k^* = 0$ とする。

Step 3： 閾値を k^* としたときのクラス間分散 σ_B^2 を計算する。

$$\sigma_B^2(k) = \omega_0(\mu_0 - \mu_T)^2 + \omega_1(\mu_1 - \mu_T)^2$$

$n_i = $ レベル i の画素数

$L = $ 画像の階調数

$N = $ 全画素数

$p_i = \dfrac{n_i}{N}$

$$\omega_0 = \sum_{i=0}^{k-1} p_i, \quad \omega_1 = \sum_{i=k}^{L-1} p_i$$

$$\mu_0 = \sum_{i=0}^{k-1} \dfrac{ip_i}{\omega_0}, \quad \mu_1 = \sum_{i=k}^{L-1} \dfrac{ip_i}{\omega_1}, \quad \mu_T = \sum_{i=0}^{L-1} ip_i$$

Step 4： 閾値を $k^* + 1 \to k^*$ として，Step 3 を繰り返し，クラス間分散 σ_B^2 が最大になるときの k^* を閾値に決定する。クラス間分散の最大値 $\sigma_B^2(k^*)$ を画像全体での分散 σ_T^2 で正規化した係数 η（$0 \leqq \eta \leqq 1$）は，値が 1 に近いほど 2 クラスの分離度（ヒストグラムの双峰性）が高いことを示す評価指標となっている。

$$\eta = \dfrac{\sigma_B^2(k^*)}{\sigma_T^2}$$

6.2.4 大津の 2 値化の応用

大津の方法をさらに改良した方法も提案されており,ここではその中で特によく知られているものについて説明する.

(1) Kittler の方法　大津の 2 値化法では,2 クラス分布割合が極端に異なる場合,例えば,背景に比べて前景(対象物)の面積が極端に小さい場合に,対象物の面積が実際よりも大きくなるような閾値が選ばれるという性質がある.この欠点を改善するために考えられた方法として,Kittler の方法と呼ばれているものがある.処理の基本は大津の 2 値化法と同じであるが,つぎのように評価関数に対数を用いることで,背景と前景の面積が極端に違う場合に対応している.

$$E(k) = \omega_0(k) \log \left(\frac{\sigma_0(k)}{\omega_0(k)} \right) + \omega_1(k) \log \left(\frac{\sigma_1(k)}{\omega_1(k)} \right)$$

$\sigma_0(k)$ は 0-画素クラスの分散,$\sigma_1(k)$ は 1-画素クラスの分散を表す.

(2) ラプラシアンヒストグラム法　濃度画像の濃淡変化のあるエッジの上部(明るい側)と下部(暗い側)でラプラシアンの絶対値が大きくなることを利用した方法がある.画素ごとのラプラシアンの絶対値を計算し,その値の大きなもの(例えば上位 10%)に対してのみ濃度ヒストグラムを求めると,双峰性ヒストグラムができる.このヒストグラムに対して大津の 2 値化法を適用した方法は,ラプラシアンヒストグラム法と呼ばれている.この方法も背景と対象物の面積差が大きい場合に用いられる.

6.3　動的閾値決定法

画像の撮影の際,必ずしも同一条件で撮影することはできない.特に,照明については,対象物に対する角度などによって,不均一な濃度レベルになる場合があり,このような濃度不均一な画像に対して固定閾値処理を行うと,部分

的に塗りつぶされた画像になることがある。自動閾値決定法を行っても得られるのは固定閾値なので,同様の課題が残る。そのような場合に用いられる方法として,動的閾値処理がある。

6.3.1 移動平均法

動的閾値決定法の中でよく知られているものに,移動平均法がある。移動平均法は,注目画素の濃度値と,その近傍の局所平均値との比較によって2値化を行う方法である。いま,入力画像を $f(i,j)$,出力画像を $g(i,j)$,画素 (i,j) の周辺での濃度値の平均を $\mu_{i,j}$ とすると,移動平均法はつぎの処理によって2値化を行う。

$$g(i,j) = \begin{cases} 1 & f(i,j) > \mu_{i,j} \\ 0 & f(i,j) \leqq \mu_{i,j} \end{cases} \tag{6.7}$$

近傍サイズとしては,少し大きめの値(例えば 51×51 画素など)にすることが多い。注目画素およびその近傍領域を1画素ずつ移動させて,2値化を行っていく。近傍領域を大きめにとるため,画像の周辺部分に処理できない帯状の領域(51×51 画素の場合に25画素分)ができてしまう。周辺部分については処理方法を変える必要がある。

6.3.2 部分画像分割法

移動平均法と同様によく用いられる方法として,部分画像分割法がある。この方法は,画像全体を複数の部分画像に分割し,それぞれの部分画像で最適閾値を決定する。画素ごとに閾値を調整するために,つぎのアルゴリズムで処理が行われる。

Step 1: 画像を小領域に分割する。

Step 2: 各小領域画像において,隣接小領域画像と 50% が重なるように,画像全体に小領域を配置する。

Step 3： 各小領域画像において，大津の2値化法を用いて閾値および分離係数 η を求める。η がある値以上（例えば 0.7 以上）となった小領域は，対象と背景の両方を含んでいるので，適正な閾値が得られていると判断する。

Step 4： 適正と判断された閾値を小領域の中心点における閾値として，画像全体における閾値面を作成する。閾値面の作成方法としては，中心点からの距離に反比例した重みを用いた線形荷重和を用いる方法や，小画像中心点の閾値を用いたスプライン補間による方法などがある。

Step 5： 得られた閾値面を用いて，各画素単位で2値化を行う。

6.4 ラベリング

　ラベリングとは，画素がつながっているグループごとに一意のラベル（番号）を付ける処理のことである。ラベリングを行うことにより，個々のグループごとに処理を行うことができる。医用画像処理では，円形度や大きさによる選別を行うときなどにラベリング処理を用いている。以下にその方法を説明する。

(1) 図 6.5 (a) に示すように，画像走査（raster scan; ラスタスキャン）を行い，ラベルが付けられていない画素があれば新しいラベルを付ける。ここでは，ラベルとして数字の1を付けている。

(2) 図 6.5 (b) に示すように，最初にラベル付けされた画素に連結している画素に同じラベルを付け，ラベル付けする画素がなくなるまでこれを繰り返す。

(3) 図 6.5 (c) に示すように，再び (1) の操作に戻り，まだラベルが付けられていない画素があれば (2) の処理を行う。

(4) 図 6.5 (d) に示すように，画像全体にラベル付けをすべき画素がなくなれば処理を終了する。

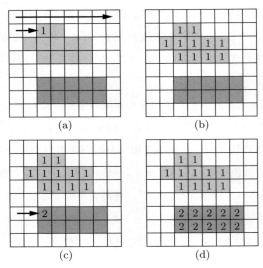

図 6.5 ラベリング処理

6.5 モルフォロジー演算

フィルタ処理により，細かな雑音や規則的な雑音はある程度除去できていても，2値化画像を得た結果，連結成分に孔や亀裂が入ったり，背景中に雑音が点在したりする場合がある。これらの雑音を除去するために，以下のモルフォロジー演算がよく利用される。

6.5.1 膨張処理と収縮処理

画像中の連結成分の孔や亀裂を埋めるために膨張処理（dilation；ダイレーション）が用いられる。また，背景中に点在する雑音的な1-画素を取り除いたり細長い突起状の雑音を取り除いたりするために，収縮処理（erosion；エロージョン）が用いられる。以下では，入力画像を $f(i,j)$，出力画像を $g(i,j)$ として，膨張処理と収縮処理を説明する。注目画素の8近傍を扱う場合と，4近傍を扱う場合があるが，ここでは8近傍の場合を表記する。この近傍領域中の1-

画素形状は，構造化要素と呼ばれている．モルフォロジー演算では，複雑な形状をした構造化要素を利用することもできるが，実用的には図 **6.6** (a), (b) に示すような単純な形状のものが利用されることが多い．

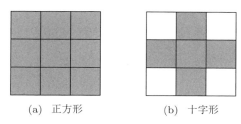

図 **6.6** 構造化要素の例

（1）膨張処理　すべての i, j 画素に対して，$f(i,j)$ が 0-画素のとき，次式により注目画素 $g(i,j)$ の値を決定する．

$$g(i,j) = \begin{cases} 1 & f(i,j) \text{ の 8 近傍に少なくとも一つの} \\ & \text{1-画素が含まれるとき} \\ 0 & \text{それ以外のとき} \end{cases} \tag{6.8}$$

この処理により，1 回の膨張処理が行われる．

（2）収縮処理

$$g(i,j) = \begin{cases} 1 & f(i,j) \text{ の 8 近傍がすべて 1-画素のとき} \\ 0 & \text{それ以外のとき} \end{cases} \tag{6.9}$$

この処理により，1 回の収縮処理が行われる．

6.5.2　オープニングとクロージング

2 値化画像中に 1-画素雑音が含まれているとき，雑音よりも大きな構造化要素を用いることによって，雑音除去を行うことができる．このときよく用いられる手法として，オープニング（opening）がある．図 **6.7** (a) に示すように，オープニングは収縮処理を行ったあとで膨張処理を行う方法である．

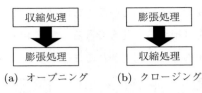

(a) オープニング　　(b) クロージング

図 6.7 オープニングとクロージングの処理の違い

2値化画像中に0-画素雑音が含まれているとき，その雑音よりも大きな構造化要素を用いて雑音除去を行うことができる。そのときによく用いられる手法として，クロージング（closing）がある。図6.7 (b) に示すように，クロージングは2値化画像に対して膨張処理を行ったあとで収縮処理を行う方法である。

（1）オープニング　　オープニングでは，2値化画像の大部分については変化しないが，構造化要素よりも小さい1-画素雑音が消去される。雑音の領域が大きいときには構造化要素を大きくする必要があるが，必要な情報も削除されてしまう可能性がある。構造化要素のサイズと形状の決定には注意を要するので，一般的には小さな単純形状を用いる場合が多い。

（2）クロージング　　クロージングでは，2値化画像の大部分については変化しないが，構造化要素よりも小さい0-画素雑音が消去される。オープニングの場合と同様に，雑音の領域が大きいときには構造化要素を大きくする必要があるが，必要な情報も削除されてしまう可能性がある。クロージングでも，構造化要素のサイズと形状には，小さな単純形状を用いる場合が多い。

7 線分と輪郭の抽出

　対象物体からその特徴量を抽出する際に，その物体を構成する直線成分や輪郭を抽出する必要がある。ここでは，画像解析でよく用いられる直線成分と輪郭を抽出する方法について説明する。

7.1 直線成分の抽出

　画像解析で直線成分抽出によく用いられる方法として，ハフ変換（Hough transform）がある。xy 平面における直線は，傾きを a，y 切片を b とすると次式のようになる。

$$y = ax + b \tag{7.1}$$

この直線を ab パラメータ平面に射影すると，一つの点で表すことができる。一方，xy 平面上の一つの点は，ab 平面上では一つの直線で表すことができる。xy 平面上の直線上の複数の点を ab 平面上に射影すると複数の直線となり，それらは平面上の 1 点で交差する。ab 平面上のこの交点を検出することによって，直線を表す式を決定することができる。この直線検出法のことをハフ変換と呼んでいる。

　実際のハフ変換では，パラメータ平面の範囲を有限にするために，極座標が用いられる。図 **7.1** (a) に示すように，画像の原点から直線 l までの距離を ρ_l，x 軸と垂線との角度を θ_l としたとき，xy 座標の式はつぎのように表現できる。

$$\rho_l = x \cos \theta_l + y \sin \theta_l \tag{7.2}$$

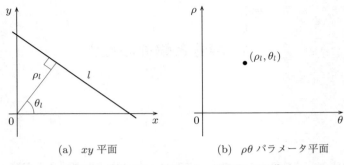

(a) xy 平面 (b) $\rho\theta$ パラメータ平面

図 7.1 直線 l の $\rho\theta$ パラメータ平面への写像

このとき,図 7.1 (b) に示すように,パラメータ平面では (ρ_l, θ_l) は 1 点で表される。

また,**図 7.2** に示すように,直線 l の点 (x_i, y_i) に対して $\rho\theta$ パラメータ平面上では一つの正弦波が対応し,次式で表現することができる。

$$\rho = x_i \cos\theta + y_i \sin\theta \tag{7.3}$$

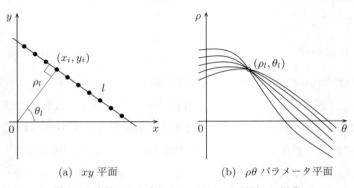

(a) xy 平面 (b) $\rho\theta$ パラメータ平面

図 7.2 直線 l 上の点の $\rho\theta$ パラメータ平面への写像

直線上の複数の点に対応する正弦波を描画すると,図 7.2 (b) のように 1 点で交差する。この交点の座標が,直線を表す係数 ρ_l, θ_l となる。画像は画素からできているため,図に示すように 1 点で交差することはなく,ある狭い領域

を多数の曲線が通過することになる．実際の計算では，最小2乗法などにより，最適な座標を求めることになる．

7.2 Watershed法による領域分割

Watershed法は，画像の領域分割手法として提案された手法であり，画像処理の分野で広く用いられている．地質学において地形の形態について述べる際，谷の内部を集水域，谷と谷との境界を分水域（watershed）と呼んでいる．Watershed法では，画素値を地形の高さとして考えることで画像データを地形モデルと見なし，それに対する浸水過程を疑似することで領域分割を行う．図 **7.3** に示すように，地形モデルに対して浸水を行い，水位以下の領域をマーカと呼ぶ．水位の上昇とともにマーカが拡大していき，二つのマーカが重なった場所を分水域として領域分割を行う．

図 **7.4** (a) に対象物が重なり合った状態の2値化画像を示す．図 (b) は図 (a)

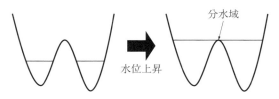

図 **7.3** Watershed アルゴリズムの概念

 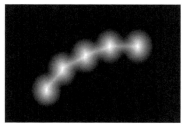

(a) 2値化画像　　　　　　　(b) 距離画像

図 **7.4** 2値化画像から距離画像への変換

から作った距離画像である。距離画像は，2値化画像において値が1である部分からの準ユークリッド距離に基づき変換した画像である。準ユークリッド距離とは，水平，垂直，対角の線分に沿ったユークリッド距離の合計値である。距離画像から谷と谷の境界である分水域を見つけ，領域分割を行う。Watershed法により，領域分割を行った結果を図 **7.5** に示す。

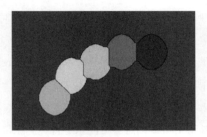

図 **7.5** Watershedアルゴリズムによる分割

7.3 動的輪郭モデルによる境界の抽出

7.3.1 Snakes

画像中の対象領域にはっきりとしたエッジ（輪郭線）があるとき，Snakesと呼ばれる手法によって領域分割することができる。対象物体は，エッジによって囲まれた閉領域となっている。Snakesは滑らかな輪郭線を持つ対象物の抽出に有効であり，精度の良い領域抽出を行うことができる。

Snakesでは，図 **7.6** に示すように，対象物を取り囲むように制御点を配置し，それらを伸縮可能な線で結ぶことにより輪郭を形成する。制御点の位置を少しずつ変えることにより，エッジの境界に沿った対象物体の領域を抽出する。

Snakesでは，制御点によって囲まれた閉曲線をエネルギー関数で表し，エネルギーを最小化するように制御点の位置を変更する。この Snakes エネルギー E_{snakes} は，閉曲線の角度のエネルギー $E_{\text{angle}}(i)$，長さのエネルギー $E_{\text{length}}(i)$，エッジのエネルギー E_{image} によって構成される。

7.3 動的輪郭モデルによる境界の抽出

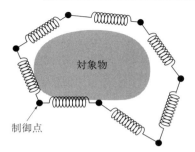

図 **7.6** Snakes の原理

$$E_{\text{snakes}} = \alpha E_{\text{angle}}(i) + \beta E_{\text{length}}(i) + \gamma E_{\text{image}} \tag{7.4}$$

上式で，α, β, γ は任意の定数であり，対象領域の形状に対応して決定していく必要がある．角度のエネルギーは，図 **7.7** (a) に示すように，隣り合う制御点を結ぶ線分の角度によって，次式のように表現される．

$$E_{\text{angle}}(i) = \sum_{j=i-1}^{i+1} \left\{ (\arg(i) - \pi)^2 + (\arg'(i) - \pi)^2 \right\} \tag{7.5}$$

長さのエネルギーは，図 7.7 (b) に示すように，制御点間距離の分散を表している．

$$E_{\text{length}}(i) = (l_0 - l(i-1))^2 + (l_0 - l(i+1))^2$$

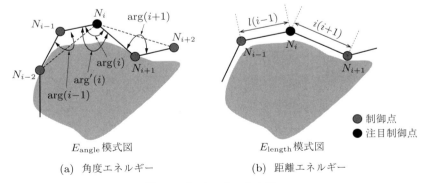

(a) 角度エネルギー (b) 距離エネルギー

図 **7.7** Snakes のエネルギー

$$l_0 = \frac{1}{n}\sum_{i=1}^{n} l(i) \tag{7.6}$$

エッジのエネルギーは，対象領域のエッジ部分で値が小さくなるように，つぎのような式で表現している．ここで，$I(x,y)$ は (x,y) における画像の濃度値とする．

$$E_{\text{image}} = -|\nabla I(x,y)| \tag{7.7}$$

これらの式に対して最適化法を用いることによって，最適な制御点の位置を決定する．最終的には，制御点をスプライン曲線で結ぶことにより，滑らかな輪郭を得る．

7.3.2 レベルセット法

Snakes は，曲線状を線積分したエネルギー関数を最小化するため，局所的な雑音に強いという特徴を持ち，多くの画像処理応用で用いられている．しかし，Snakes は曲線の分離や結合などが困難であるという欠点がある．その欠点を改善した方法として，Osher, Sethian らによってレベルセット法が提案されている．レベルセット法は位相変化が可能な動的輪郭モデルである．

レベルセット法は，曲線の形状（収縮，膨張，曲率変化など）を偏微分方程式によって表し，境界の進行を偏微分方程式の解として陰に表現している．いま，2次元画像を $I(x,y) \in R^2$ での境界線の検出問題と考える．まず，時間 t での境界線を $C(\boldsymbol{p},t)$ とする．ただし，$\boldsymbol{p} = (p_x, p_y)$ である．この境界に含まれる点 $\boldsymbol{p}$ は，移動速度 $F(\kappa)$ で境界線の法線方向 $\boldsymbol{N}$ に移動していると考える．ここで，κ はその点での境界線の曲率であり，$F(\kappa)$ を成長速度という．これを式で表すと，次式のようになる．

$$C_t = F(\kappa)\boldsymbol{N} \tag{7.8}$$
$$C(\boldsymbol{p}, 0) = C_0(\boldsymbol{p}) \tag{7.9}$$

ただし，C_t は境界 C の時間変化，$C_0(\boldsymbol{p})$ は初期曲線である．この問題は，Snakes と同様に差分方程式で解くことができるが，トポロジーの変化には対応

できないという問題が残る．そこで，新たな補助関数 $\phi(x,y,t)$ を導入し，境界線 $C(\boldsymbol{p},t)$ はその関数の一部，すなわち $\phi(x,y,t)=0$ を満たす ϕ で表されると考える．ここで，点 $\boldsymbol{p}(t)$ が境界線 $C(\boldsymbol{p},t)$ 上の点である場合，これがつねに $\phi(x,y,t)$ のゼロの等高面上である条件は，つぎのように表現できる．

$$\phi[\boldsymbol{p}(t),t]=0 \tag{7.10}$$

これを偏微分すると，つぎのようになる．

$$\phi_t + \nabla\phi[\boldsymbol{p}(t),t]\boldsymbol{p}_t = 0 \tag{7.11}$$

また，曲線上の単位法線ベクトルは，つぎのようになる．

$$\boldsymbol{N} = \frac{\nabla\phi}{|\nabla\phi|} \tag{7.12}$$

さらに，成長速度 $F(\kappa)$ は，境界 $C(\boldsymbol{p},t)$ の法線速度からつぎのようになる．

$$\boldsymbol{p}_t \cdot \boldsymbol{N} = F(\kappa) \tag{7.13}$$

これにより，偏微分方程式は以下のように書くことができる．

$$\phi_t = -F(\kappa)|\nabla\phi| \tag{7.14}$$

$$\phi[C_0(\boldsymbol{p}),0]=0 \tag{7.15}$$

このように，境界 $C(\boldsymbol{p},t)$ を直接的に移動する代わりに，補助関数 $\phi(x,y,t)$ を更新し，$\phi(x,y,t)=0$ を満たす線を新たな境界線とすることで，トポロジーの変化に対応した領域追跡が可能となる．また，画像 $I(x,y)$ の勾配などに応じて成長速度 $F(\kappa)$ を制御することで，画像の一部の注目領域を取り囲むような複数の曲線を同時に得ることができる．なお，曲率 κ は補助関数 $\phi(x,y,t)$ およびその方向微分 ϕ_x, ϕ_y の関数であるので，以下のように一般化できる．

$$\phi_t + H(\phi_x,\phi_y) = 0 \tag{7.16}$$

ここで，H はハミルトニアン（Hamiltonian）であり，上式はハミルトン方程式となっている．なお，レベルセット法の実装法は，検出する境界の移動方向の制約によって，レベルセット法と高速マーチング法（fast marching method）の二つの手法に分類できる．

7.4 前景と背景の分離

画像の背景を除去して,対象物だけを抽出したいことがある。このようなとき,2値化を用いる方法がよく知られているが,背景が単純な色彩ではないときは抽出が困難になる。そのような場合,グラフカットやグラブカットが用いられる。

7.4.1 グラフカット

グラフカット (graph cut) アルゴリズムは,雑音除去や領域分割などの問題をマルコフ確率場などの確率モデルとして定式化し,エネルギー最小化問題として解く方法の一つである。全画素に対して,前景画素と背景画素のどちらに近いかという色情報の制約に加え,隣接する画素間では値の変化が少ないという制約を加えることで,領域を飛び飛びにせずに抽出することが可能である。

画像の特徴により,成分画像を入力画像 $I(i,j)$ とする。前景の代表画素群 P_f と,背景の代表画素群 P_b が与えられたもとで

(1) 前景/背景代表画素値と似た色の画素はそのラベルに属する
(2) 隣接画素の色の差が大きい部分にラベル境界が来る

という二つの要求を満たすように,すべての画素 $x_i \in P$ に対して前景ラベル F か背景ラベル B のどちらか一つをラベリングする。ラベリング対象は,滑らかで,かつ代表画素値と一貫している必要がある。滑らかさと一貫性に関する項を持ったエネルギー関数 $E(x)$ を次式で定義する。なお,隣接の定義は8方向の隣接を使う。

$$E(x) = \sum_{x_i \in P} D(x_i) + \sum_{(i,j) \in \mathrm{Edge}} V(x_i, x_j) \qquad (7.17)$$

第1項はどのラベルを割り当てるのが最適かを測るデータ項であり,第2項は隣接する画素間の滑らかさを制御する平滑化項である。それぞれの項は次式で定義される。

$$D(x_i = F) = \frac{(x_i - P_f)^2}{(x_i - P_f)^2 + (x_i - P_b)^2} \tag{7.18}$$

$$D(x_i = B) = \frac{(x_i - P_b)^2}{(x_i - P_f)^2 + (x_i - P_b)^2} \tag{7.19}$$

$$V(x_i, x_j) = \frac{\lambda e^{-(x_i - x_j)^2}}{\text{dist}(i, j)} \tag{7.20}$$

$D(x_i)$ は，x_i にラベル F や B を付けるのがどの程度不適当かを測る関数である。このエネルギー関数では，付加するラベルが適当だと小さな値，不適当だと大きな値となる。$V(x_i, x_j)$ はラベリングの滑らかさを制御するための隣接画素間の相互関係を示す関数である。ただし，λ は定数，$\text{dist}(i, j)$ は画素 p, q 間の距離である。これは，隣接する 2 画素に異なるラベルが付けられた場合に，隣接画素の色の差に反比例するエネルギーを加えることを意味する。つまり，色差が大きい画素間に異なるラベルが付加されても大きなペナルティにはならないが，似た色を持つ隣接画素間に異なるラベルが付加されると，大きなペナルティになる。

定義したエネルギー関数 E に基づきグラフを作成し，最小カット/最大フローより最適解を求める。グラフカットアルゴリズムで用いられる重み付きグラフについて，図 **7.8** を用いて説明する。まず，重み付きグラフを $G = (E, V)$ と定義する。ここで，V はノード（node），E はエッジ（edge）である。一般的な画像処理では，画素がノードとなる。また，画素以外のノードとして，ソース（source）$s \in V$ とシンク（sink）$t \in V$ と呼ばれる特殊なターミナル

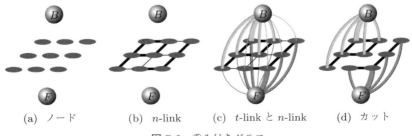

(a) ノード　　(b) n-link　　(c) t-link と n-link　　(d) カット

図 **7.8** 重み付きグラフ

（ラベル）を追加する。エッジはノード間の関係を表現しており，周辺の画素との関係を表したものを n-link，各画素と s,t との関係を表したものを t-link と呼ぶ。n-link のコストは，周辺画素との連続性を表現したペナルティ関数により決定され，t-link のコストは，各画素がそのラベルである確率を表したペナルティ関数により決定される。作成されたグラフをネットワークグラフという。

このエネルギー関数を用いて，すべての画素 x_i と前景ノード F・背景ノード B を含むノード N と，エッジ E からなる重み付きグラフ $G = (E, N)$ を定義する。ノード N はすべての画素 x_i と前景ノード F・背景ノード B を含む。また，エッジ E は，隣接画素間をつなぎ重み $V(x_i, x_j)$ を持つエッジ n-link と，ノード F/B とすべての画素間をつなぎ重み $D(x_i = F)/D(x_i = B)$ を持つエッジ t-link の集合である。重み付きグラフの最大フロー最小カット問題を解くアルゴリズムについては，Boykov らが提案したアルゴリズムが用いられる。

7.4.2 グラブカット

前景分離手法の一つとして代表的なものにグラブカット（grab cut）がある。グラブカットでは，あらかじめ前景および背景の典型的な部分をユーザが手動で指定し，それぞれの領域から前景および背景の色分布を学習する。そして，前景・背景シード（seed）から得た色分布と隣接画素の関係を考慮したエネルギー関数を最小化するようなカットを考えることによって，前景分離を実現する。

画像 P 内の $|P|$ 個の画素を $p \in P$ とし，最終的に求めたい領域情報を $X = \{X_1, X_2, \cdots, X_p, \cdots, X_{|P|}\}$ とする。各 X_p は対応する画素が前景または背景のいずれに属するかを示すラベル F または B が与えられる。先に述べたエネルギー関数 $E(X)$ は，次式で定義される。

$$E(X) = \sum_{p \in P} D_p(X_p) + \sum_{\{p,q\} \in N} S_{pq}(X_p, X_q) \tag{7.21}$$

ここで，第 1 項は，注目画素 p の画素値とその画素に割り当てられるラベル X_p

に依存して算出されるエネルギーであり，データ項と呼ばれる．データ項は与えられた画素 p の前景らしさまたは背景らしさを表す．第 2 項は平滑化項と呼ばれ，注目画素 p の近傍画素 $q \in N$（一般に 4 近傍または 8 近傍）とそれぞれに割り当てられるラベル X_p および X_q から算出されるエネルギーである．平滑化項は，注目画素と近傍画素との差から算出され，注目画素がグラフの切断点として適切かどうかを示す．

グラブカットでは，まずシード領域をユーザが指定する．つぎに，各シードから前景ヒストグラム $\theta(I, F)$ と背景ヒストグラム $\theta(I, B)$ を作成し，前景および背景の輝度値 I の分布を混合ガウスモデル（Gaussian mixture model; GMM）によってモデル化する．このとき，データ項は以下の式で示される．

$$D_p(X_p) = -\log \theta\left[I_p, X_p\right] \tag{7.22}$$

ここで，画素 p の輝度値を I_p とすると，前景シードに I_p が多く含まれていた場合は，「p は前景らしい画素」とされ，$X_p = F$ とするとデータ項は小さくなる．続いて，平滑化項は次式によって定義される．

$$S_{pq}(X_p, X_q) = \begin{cases} 0 & X_p = X_q \\ \dfrac{\lambda \exp(-\kappa \{I_p - I_q\}^2)}{|p, q|} & X_p \neq X_q \end{cases} \tag{7.23}$$

ただし，パラメータ λ および κ は重み付け定数，$|p, q|$ は画素 p, q 間の距離を示す．平滑化項の値は，濃度差が小さい画素間では大きく，逆に濃度差が大きい画素間の境界では小さくなる．これら 2 項からなるエネルギーを最小化するようなラベルを求める．

しかし，ラベルの決定の仕方は N^2 通りあり，NP 困難問題のため，最適解を見つけることはできない．そこで，グラブカットでは，注目画素と前景・背景シード，隣接画素間にグラフを作成し，各辺を切断するときのコストをエネルギー関数と対応付けることによって，領域切断の組み合わせの中から最も小さいエネルギーとなる切断を決定する．グラフは各画素に対応するノードと，頂点に対応する前景・背景ターミナル S および T から構成される．ノードとター

ミナル間は t-link と呼ばれる辺で，また，ノード間は n-link と呼ばれる辺で相互に接続される。t-link の切断コストはデータ項のエネルギーに，また n-link の切断コストは平滑化項のエネルギーに対応する。前景と判断されラベル F が付与された画素は，T 側に接続された t-link の辺のコストが切断により加算される。また，n-link では，近傍の画素間で付与されるラベルが異なる場合，それらの画素間を接続する n-link の辺を切断するコストが加算される。

ここで，グラフ切断の観点から，グラフカットの手法をまとめる。まず，画素間のエッジコスト（n-link），つまり平滑化項を計算する。続いて T, p, S, p のエッジコスト（t-link）を算出する。これはデータ項に対応する。ここで，min-cut/max-flow アルゴリズムを導入し，切断コストが最も小さくなるラベルを決定する。

グラブカットは，前景分布のモデル化にあたって，各画素の濃度ではなく RGB 値を用いる点が，グラフカットとは異なる。また，前景と背景の色分布は，シードの RGB 値によってモデル化している。

グラブカットでは，ユーザは前景を含むように矩形を指定する。処理の一例を図 **7.9**（口絵 4）に示す。ここで，矩形領域は，領域内に前景＋背景，矩形外には背景のみが含まれるように選ばれる必要がある。そこで，先に述べたように矩形外の領域に含まれる画素値の分布を GMM でモデル化し，これを背景画素の RGB 値分布として，矩形内に含まれる画素の背景らしさを示す尤度を算出する。背景らしさが高い画素を背景画素として取り除くことで，前景画素が分離される。

(a) 原画像　　　　　　(b) グラブカット処理結果

図 **7.9**　グラブカットによる物体抽出

7.4.3 グローカット

グローカット (grow cut) は，前景・背景シードを与えることによって前景分離を行う，セルオートマトンを用いた領域抽出法である。セルオートマトンとは，規則性を持つセルを対象に，現在の状態と近傍の状態から次状態を決定できる，時間的，空間的に離散な計算モデルである。ある現象を単純な規則に従った繰り返し処理によって記述する方法であり，人工生命のシミュレーションなどに用いられている。また，医用画像の対象物セグメンテーションに用いられることもある。

V. Vezhnevets ら[†]は，グローカットの原理をバクテリアの浸食にたとえている。前景・背景シードに含まれる画素はバクテリアが侵食済みの画素として，その周辺の画素を攻撃し，拡大していく。バクテリアの攻撃に対し，周辺画素は浸食されないように防御する。ここでは，バクテリアの攻撃力（シードの広がる力）と防御力（シードの広がりを抑える力）を，確信度（strength）を用いて表す。

l_p を注目画素 p のラベル，θ_p を p の確信度，特徴ベクトルを $C_p = \mathrm{RGB}_p$ とする。前景・背景シードに属する画素は，l_p をそれぞれ -1 と 1，$\theta_p = 1$ とする。それ以外の画素は $l_p = 0$，$\theta_p = 0$ に初期化する。ここで，注目画素 p とその隣接画素 q が

$$g\left(\|C_p - C_q\|_2\right) \cdot \theta_q > \theta_p \tag{7.24}$$

を満たすとき

$$\begin{aligned} l_p &= l_q \\ \theta_p &= g\left(\|C_p - C_q\|_2\right) \cdot \theta_q \end{aligned} \tag{7.25}$$

とする。ただし，$g(x)$ は下式によって定義される。

$$g(x) = 1 - \frac{x}{\|C_{\max}\|_2} \tag{7.26}$$

[†] Vladimir Vezhnevets and Konouchine Vadium: Growcut — Interactive multilabel ND image segmentation by cellular automata, Proceedings of Graphicon, **1**, pp. 150–156 (2005)

この処理を各画素のラベルが変化しなくなるまで続けることによって，前景分離を行う．

7.5 領域拡張法

領域拡張法は，隣接画素間の濃度レベル差に基づいて，領域の拡張を行う方法である．領域拡張法として多くの手法が提案されているが，ここではいくつかの基本的な手法について説明する．それら以外にも，画素の統合による対象領域の抽出法として，局所領域内での画素の相対的な類似関係をもとにして定義した相互類似関係を使う方法や，弛緩法を利用した方法などが提案されている．

7.5.1 単純領域拡張法

最も基本的な統合法であり，つぎのような手順で処理を行う．
1. 画像をラスタスキャンし，どの領域にも属していない画素を探す．
2. その画素の濃淡レベルと，その近傍で閾値の差が θ 以下ならば，一つの領域として統合し，ラベル付けする．θ はあらかじめ与えておく．
3. 新たに統合された画素に注目して，2.の操作を行う．
4. 上記の処理をそれ以上に領域が広げられなくなるまで反復する．

統合の程度は，閾値によって影響を受ける．閾値 θ を小さくするほど個々の面積が小さくなり，領域数が多くなる．

7.5.2 反復型領域拡張法

基本的には単純領域拡張法と同じであるが，閾値の微調整ができる点が改良されている．処理は以下の手順で行われる．
1. 閾値 θ の初期値を与える．
2. 入力された濃度画像に対して，θ を閾値として単純領域拡張法を行う．
3. 領域ごとの画素の値を領域内の平均値に置き換える．

4. θ の値を $\theta + \Delta\theta$ に置き換えてから，2. に戻り反復処理する．ここで，$\Delta\theta$ は増分である．

反復回数は4回程度を一つの目安とするとよいと報告されている．

7.5.3 分 離・統 合 法

　領域拡張法は，画素単位で統合を行う方法であるため，領域間のエッジにわずかな隙間があると，本来別々である領域が統合されてしまうという欠点がある．その欠点を補う手法として分離・統合法があり，Horowitz と Pavlidis のものがよく知られている．

　この手法は，つぎのような手順で統合を行う．
1. 中間レベルの分割画像から出発し，各小領域をその領域の平均濃度で近似する．
2. 領域内の濃淡レベルの最大値と最小値との差がある閾値より大きいとき，その領域を4分割する．
3. 隣り合う四つの正方形領域を合わせた大きな正方形領域内の濃度の最大値と最小値との差が閾値以下であれば，この四つの小領域を統合して，大きな正方形領域とする．
4. これ以上の分離・統合ができなくなったとき終了とする．

　この方法は正方形領域を処理の基本単位としているため，得られた領域の輪郭が滑らかではなく，独特な形状になることが多い．

8 特徴量の算出

　画像解析で重要なことは，画像中の対象物に対してどのような数値化を行うかということである。これまでに説明したフィルタ処理や 2 値化などによって各対象物を独立して取り出せる場合には，それぞれの対象物の形状特徴を数値化する。また，一つずつの独立した形状を抽出することが難しい場合には，注目領域全体を一つの模様と考えて，テクスチャ解析することによって数値化を行う。この数値化の性能によって，最終的な分類性能が影響を受けることになる。

8.1 形状特徴量

　ここでは，画像解析の際によく用いられる形状特徴量について説明する。これ以外にも，それぞれの画像に特化した形状特徴量が提案されているが，それらについては論文などで調べていただきたい。

特徴的な長さ： 図 8.1 に示すように，画像中の対象物の特徴的な長さを特徴

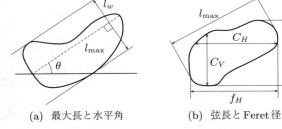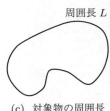

(a) 最大長と水平角　　　(b) 弦長と Feret 径　　　(c) 対象物の周囲長

図 8.1　長さから得られる特徴量

量とすることが多い。

l_{max}：　対象物の輪郭の 2 点を結んだ最大の線分長

l_w：　l_{max} とその線分に平行な線で対象物を挟んだときの距離

C_H：　同一垂直位置の 2 点を結んだときの最大弦長

C_V：　同一水平位置の 2 点を結んだときの最大弦長

f_V, f_H：　対象物がちょうど内接する長方形を選んだときの縦と横の長さ（定方向径，Feret 径）

L：　対象物の輪郭線に沿った長さ（周囲長）

特徴的な面積：　図 **8.2** は，面積に関係した特徴量を示す。

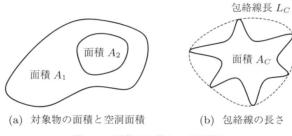

(a) 対象物の面積と空洞面積　　(b) 包絡線の長さ

図 **8.2**　面積から得られる特徴量

A_1：　対象物の面積

A_2：　対象物内の空洞の面積

L_C：　対象物の包絡線長

A_C：　包絡線で囲まれた部分の面積

誘導される形状係数：　図 **8.3** は，長さや面積から計算によって誘導される特徴量の例を示す。

l_H：　実線の対象物があったとき，その面積と等価な面積を持つ円の直径（Heywood 直径）で，次式で計算する。

$$l_H = \sqrt{\frac{4}{\pi} \times A} \tag{8.1}$$

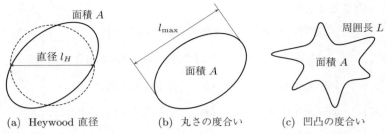

(a) Heywood 直径　　(b) 丸さの度合い　　(c) 凹凸の度合い

図 8.3　長さと面積から誘導される特徴量

SF1： 対象物の丸さの度合いを示す指標で，次式で計算する．

$$\mathrm{SF1} = \frac{l_{\max}^2}{A} \times \frac{\pi}{4} \tag{8.2}$$

SF2： 凹凸の度合いを示す指標で，次式によって計算される．

$$\mathrm{SF2} = \frac{L^2}{A} \times \frac{1}{4\pi} \tag{8.3}$$

C_L： SF2 の逆数で，円形度と呼ばれている．丸さの度合いを表す．

$$C_L = \frac{4\pi A}{L^2} \tag{8.4}$$

SF3： 対象物の針状の度合いを示す指標で，次式で計算される．

$$\mathrm{SF3} = \frac{l_{\max}}{l_w} \tag{8.5}$$

モーメント特徴： 画像を $f(i,j)$，その重心座標を (i_g, j_g) としたときの，重心周りのモーメントは，つぎのように表すことができる．

$$M_{pq} = \sum_i \sum_j (i - i_g)^p (j - j_g)^q f(i,j) \tag{8.6}$$

特に細長い形状の対象物が，主軸の方向に対して傾いている角度 θ を求めるときなどに利用できる．角度 θ は，次式によって計算できる．

$$\theta = \frac{1}{2} \tan^{-1} \left(\frac{2M_{11}}{M_{20} - M_{02}} \right) \tag{8.7}$$

8.2 テクスチャ特徴量

画像から固有の特徴量を算出する手法の一つに,テクスチャ解析がある。テクスチャとは,画像内に細かな繰り返し模様が一様に分布した状態のことである。ここでは,テクスチャ解析に用いられる標準的な方法である濃度ヒストグラム法に加え,同時生起行列法(空間濃度レベル依存法),ランレングス行列法について説明する。

8.2.1 濃度ヒストグラム法

画像における画素の濃度値ごとの頻度数を表したグラフを濃度ヒストグラムという。濃度ヒストグラムの一例を図 8.4 に示す。いま,濃度値のレベル数(階調数)を L (一般には $L = 256$) とし,総画素数によって正規化したヒストグラムを $p(l)$ $(0 \leqq l \leqq L-1)$ とする。$p(l)$ は濃淡レベルの確率分布を表し,すべての濃淡レベルでの和が 1.0 となる。このように,濃度ヒストグラムを確率分布として扱うのは,計算結果が画像の面積(総画素数)に依存しないようにするためである。

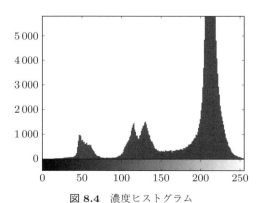

図 8.4 濃度ヒストグラム

濃度ヒストグラム法 (gray level histogram method) では，以下の七つの特徴量が利用される．

- 平均 (mean)

$$\mathrm{MEN} = \sum_{l=0}^{L-1} l p(l) \tag{8.8}$$

- コントラスト (contrast)

  原点周りの 2 次モーメントとも呼ばれる．

$$\mathrm{CNT} = \sum_{l=0}^{L-1} l^2 p(l) \tag{8.9}$$

- 分散 (variance)

  平均値周りの 2 次モーメントとも呼ばれる．

$$\mathrm{VAR} = \sum_{l=0}^{L-1} (l - \mathrm{MEN})^2 p(l) \tag{8.10}$$

- 歪度 (skewness)

  濃度ヒストグラムが正規分布からどれだけ歪んでいるかを表す．

$$\mathrm{SKW} = \frac{1}{\mathrm{VAR}^3} \left\{ \sum_{l=0}^{L-1} (l - \mathrm{MEN})^3 p(l) \right\}^2 \tag{8.11}$$

- 尖度 (kurtosis)

  濃度ヒストグラムが平均値付近にどれだけ集中しているかを示す．

$$\mathrm{KRT} = \frac{1}{\mathrm{VAR}^2} \sum_{l=0}^{L-1} (l - \mathrm{MEN})^4 p(l) \tag{8.12}$$

- エネルギー (energy)

$$\mathrm{EGY} = \sum_{l=0}^{L-1} p^2(l) \tag{8.13}$$

- エントロピー (entropy)

$$\mathrm{EPY} = -\sum_{l=0}^{L-1} p(l) \log p(l) \tag{8.14}$$

8.2.2 同時生起行列法

同時生起行列法(co-occurrence matrix)は，空間濃度レベル依存法(spatial gray level dependence method; SGLDM)とも呼ばれている．図 **8.5** に示すように，ある濃度 i の画素から変位 $\delta(r,\theta)$（角度 θ の方向に r だけ離れた点）の画素の濃度が j である確率 $P_\delta(i,j)$ を要素とする同時生起行列を求めて，その行列からテクスチャ特徴量を求める手法である．行列の要素には，変位として $(-r,\theta)$ も含んでいるため，同時生起行列は対称行列になる．特徴量を計算する前に，要素の総和が 1.0 になるように正規化しておく必要がある．また，距離 r は 1 から 8 までの範囲，角度 θ は 0 度・45 度・90 度・135 度の 4 方向をとるのが一般的である．

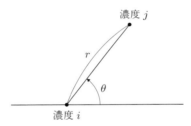

図 **8.5** 同時生起行列を求めるためのパラメータ

図 **8.6** に同時生起行列の求め方を示す．図 8.6 (a) は 5×5 画素で 4 階調（0〜3）の画像である．いま，角度 $\theta = 0°$，変位 $r = 1$ における同時生起行列を求める．濃淡レベル 0 から 1 だけ離れた位置に濃淡レベル 0 の画素があるとい

<table>
<tr><td>3</td><td>3</td><td>3</td><td>3</td><td>2</td></tr>
<tr><td>0</td><td>0</td><td>0</td><td>1</td><td>1</td></tr>
<tr><td>3</td><td>3</td><td>0</td><td>0</td><td>1</td></tr>
<tr><td>2</td><td>2</td><td>2</td><td>1</td><td>1</td></tr>
<tr><td>1</td><td>1</td><td>1</td><td>2</td><td>2</td></tr>
</table>

(a) 画像の濃度値

濃度レベル

		0	1	2	3
濃淡レベル	0	6	2	0	1
	1	2	8	2	0
	2	0	2	6	1
	3	1	0	1	8

(b) 同時生起行列 $\delta(1, 0°)$

図 **8.6** 同時生起行列の求め方

うことは，0 と 0 の画素が隣り合っていることを意味する。まず濃淡レベル 0 の画素を見つけ，その左右に濃淡レベル 0 の画素がある場合にはカウントを増やす。そのような操作を各レベル間の画素対に対して行った結果が，図 8.6 (b) の表のようになり，この行列を同時生起行列という。

同時生起行列から計算される特徴量として，Haralick らによって提案されている 14 種類の統計量がある。統計量の計算方法を以下に示す。

$$P_x(i) = \sum_{j=0}^{n-1} P_\delta(i,j), \quad i = 0, 1, \cdots, n-1 \tag{8.15}$$

$$P_y(j) = \sum_{i=0}^{n-1} P_\delta(i,j), \quad j = 0, 1, \cdots, n-1 \tag{8.16}$$

$$P_{x+y}(k) = \sum_{i=0}^{n-1} \sum_{j=0}^{n-1} P_\delta(i,j), \quad i+j = k, \ k = 0, 1, \cdots, 2n-2 \tag{8.17}$$

$$P_{x-y}(k) = \sum_{i=0}^{n-1} \sum_{j=0}^{n-1} P_\delta(i,j), \quad |i-j| = k, \ k = 0, 1, \cdots, n-1 \tag{8.18}$$

また，つぎのように定義する。

$$\mu_x = \sum_{i=0}^{n-1} i \cdot P_x(i), \quad \mu_y = \sum_{j=0}^{n-1} j \cdot P_y(j)$$

$$\sigma_x^2 = \sum_{i=0}^{n-1} (i - \mu_x)^2 P_x(i), \quad \sigma_y^2 = \sum_{j=0}^{n-1} (j - \mu_y)^2 P_y(j)$$

- 角度 2 次モーメント（angular second moment）

$$\text{ASM} = \sum_{i=0}^{n-1} \sum_{j=0}^{n-1} \{P_\delta(i,j)\}^2 \tag{8.19}$$

ただし，n は濃淡レベル数（$n = 256$）。

- コントラスト（contrast）

$$\text{CNT} = \sum_{i=0}^{n-1} k^2 P_{x-y}(k) \tag{8.20}$$

- 相関 (correlation)

$$\text{CRR} = \frac{\sum_{i=0}^{n-1}\sum_{j=0}^{n-1} ij P_\delta(i,j) - \mu_x \mu_y}{\sigma_x \cdot \sigma_y} \tag{8.21}$$

- 分散 (variance)

$$\text{VAR} = \sum_{i=0}^{n-1}\sum_{j=0}^{n-1} (i-\mu_x)^2 P_\delta(i,j) \tag{8.22}$$

- 局所一様性 (inverse difference moment)

  濃度変化の一様性を表す。細かい画像は粗い画像に対して小さな値になる。

$$\text{IDM} = \sum_{i=0}^{n-1}\sum_{j=0}^{n-1} \frac{1}{1+(i-j)^2} P_\delta(i,j) \tag{8.23}$$

- 平均濃度 (sum average)

$$\text{SAV} = \sum_{k=0}^{2n-2} k P_{x+y}(k) \tag{8.24}$$

- 平均濃度分散 (sum variance)

$$\text{SVR} = \sum_{k=0}^{2n-2} (k-\text{SAV})^2 P_{x+y}(k) \tag{8.25}$$

- 平均濃度エントロピー (sum entropy)

$$\text{SEP} = -\sum_{k=0}^{2n-2} P_{x+y}(k) \log\{P_{x+y}(k)\} \tag{8.26}$$

- エントロピー (entropy)

$$\text{EPY} = \sum_{i=0}^{n-1}\sum_{j=0}^{n-1} P_\delta(i,j) \log\{P_\delta(i,j)\} \tag{8.27}$$

- 濃度変化分散 (difference variance)

$$\text{DVR} = \sum_{k=0}^{n-1} \left\{ k - \sum_{k=0}^{n-1} k P_{x-y}(k) \right\}^2 P_{x-y}(k) \tag{8.28}$$

- 濃度変化エントロピー (difference entropy)

$$\mathrm{DEP} = -\sum_{k=0}^{n-1} P_{x-y}(k)\log\{P_{x-y}(k)\} \qquad (8.29)$$

- 相関情報測度 (information measures of correlation)

$$\mathrm{IMC1} = \frac{\mathrm{EPY} - \mathrm{HXY1}}{\max\{\mathrm{HX,HY}\}} \qquad (8.30)$$

$$\mathrm{IMC2} = \sqrt{1 - \exp[-2(\mathrm{HXY2} - \mathrm{EPY})]} \qquad (8.31)$$

ここで，HX, HY は P_x および P_y のエントロピーである。

$$\mathrm{HXY} = -\sum_{i=0}^{n-1}\sum_{j=0}^{n-1} P_\delta(i,j)\log\{P_\delta(i,j)\} \qquad (8.32)$$

$$\mathrm{HX} = -\sum_{i=0}^{n-1} P_x(i)\log\{P_x(i)\} \qquad (8.33)$$

$$\mathrm{HY} = -\sum_{j=0}^{n-1} P_y(j)\log\{P_y(j)\} \qquad (8.34)$$

$$\mathrm{HXY1} = -\sum_{i=0}^{n-1}\sum_{j=0}^{n-1} P_\delta(i,j)\log\{P_x(i)P_y(j)\} \qquad (8.35)$$

$$\mathrm{HXY2} = -\sum_{i=0}^{n-1}\sum_{j=0}^{n-1} P_x(i)P_y(j)\log\{P_x(i)P_y(j)\} \qquad (8.36)$$

- 最大相関係数 (maximal correlation coefficient)

$$Q(i,j) = \sum_{k=0}^{n-1} \frac{P_\delta(i,k)P_\delta(k,j)}{P_x(i)P_y(j)} \qquad (8.37)$$

としたとき

$$\mathrm{MCC} = (Q\text{の 2 番目に大きい固有値})^2 \qquad (8.38)$$

8.2.3 ランレングス行列法

画像中の画素について，一つの方向に同じ画素値が並んだものをランといい，その長さのことをランレングスという。図 **8.7** にランレングスの例を示す。図

8.2 テクスチャ特徴量

3	3	3	3	2
0	0	0	1	1
3	3	0	0	1
2	2	2	1	1
1	1	1	2	2

(a) 画像の濃度値

ランレングス

濃淡レベル	1	2	3	4
0	0	1	1	0
1	1	2	1	0
2	1	1	1	0
3	0	1	0	1

(b) ランレングス ($\theta=0$)

図 **8.7** ランレングス行列

8.7 (a) は 5×5 画素で 4 階調（0～3）の画像である．画素値 3 については，長さ 4 のものと 2 のものが 1 回ずつ現れている．それを反映して，図 8.7 (b) の表中の濃淡レベル 3 の行のランレングス 2 と 4 の部分に 1 という数値が入っている．ランレングス行列法（run length matrix）による特徴量を計算する場合，元の画像から階調数を下げておいたほうがよい．

画像内で，θ 方向の濃度 i の点が j 個続く頻度 $P_\theta(i,j)$ $(i=0,1,\cdots,l)$ を要素とするランレングス行列を求め，その行列からつぎの 5 種類の特徴量を計算し，テクスチャを特徴付ける．ただし，式中の p は以下のように計算される．

$$p = \sum_{i=0}^{n-1} \sum_{j=1}^{j} P_\theta(i,j)$$

- ショートラン強調（short run emphasis）

$$\text{SRE} = \frac{1}{p} \sum_{i=0}^{n-1} \sum_{j=1}^{l} \frac{P_\theta(i,j)}{j^2} \tag{8.39}$$

- ロングラン強調（long run emphasis）

$$\text{LRE} = \frac{1}{p} \sum_{i=0}^{n-1} \sum_{j=1}^{l} j^2 P_\theta(i,j) \tag{8.40}$$

- グレーレベル不均一性（gray level nonuniformity）

$$\text{GLN} = \frac{1}{p} \sum_{i=0}^{n-1} \left\{ \sum_{j=1}^{l} P_\theta(i,j) \right\}^2 \tag{8.41}$$

- ランレングス不均一性 (run length nonuniformity)

$$\mathrm{RLN} = \frac{1}{p}\sum_{j=1}^{l}\left\{\sum_{i=0}^{n-1}P_\theta(i,j)\right\}^2 \tag{8.42}$$

- ラン割合 (run percentages)

  A は画像の面積を表す。

$$\mathrm{RP} = \frac{1}{A}\sum_{i=0}^{n-1}\sum_{j=1}^{l}P_\theta(i,j) \tag{8.43}$$

ランレングス行列の特徴量については，上記のもの以外にも多くの種類が提案されている．それらは性能の良いものばかりではなく，自然淘汰的に有効なものが残っていくが，現在残っている特徴量が必ずしも最良というわけではないので，研究に用いている画像に有効な新しい特徴量をつねに考えていく必要がある．また，提案当初から名前が変わっている特徴量もあるため，注意されたい．

8.3 高次局所自己相関特徴

画像特徴量の一つとして，高次局所自己相関特徴 (higher-order local autocorrelation; HLAC) がある．HLAC は，画像認識に必要なつぎの要求を満たしている．

位置不変性： 特徴量が画像中の対象の位置に依存しない．

加法性： 画像全体の特徴量が，個々の対象の特徴量の和になっている．

基本アルゴリズムとして，N 次の自己相関関数は，対象となる画像内の位置 $\boldsymbol{r}=(i,j)$ の画素値を $f(\boldsymbol{r})$ とするとき，その周りの N 個の変位 $\boldsymbol{a}_1,\boldsymbol{a}_2,\cdots,\boldsymbol{a}_N$ に対して，つぎのように定義される．

$$x(\boldsymbol{a}_1,\boldsymbol{a}_2,\cdots,\boldsymbol{a}_N) = \int_P f(\boldsymbol{r})f(\boldsymbol{r}+\boldsymbol{a}_1)\cdots f(\boldsymbol{r}+\boldsymbol{a}_N)d\boldsymbol{r} \tag{8.44}$$

上式で，積分記号の下付き P は画像中の積分範囲を表す．基本的な HLAC 特徴は，この積分に基づいた画像特徴であり，実際には相関の次数を 2 次（3

点相関）とし，変位も局所領域（3 × 3 領域）で利用される。HLAC では，図 **8.8** で表されるパターンを利用している。

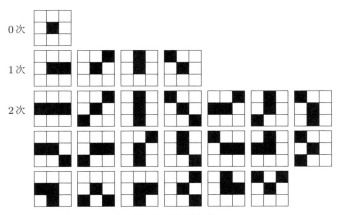

図 **8.8** 高次局所自己相関特徴のパターン

9 特徴量による分析法

 ここでは，画像中の対象物から得られた特徴量によって，対象物の解析をする方法について説明する．解析に先立って，得られた特徴量が適切なものであるかどうかを検定する必要がある．特徴量の選定後の解析方法として，重回帰分析，主成分分析，判別分析，クラスタ分析などがよく用いられる．ここでは，これらの分析方法の基本的な手法について説明する．

9.1 特徴量の検定

 特徴量などの検定では，特徴量の性質によって検定の方法が異なる．得られたデータを，データ間に対応関係があるか，データが正規分布に従っているか，データのばらつきに等分散が認められるかなどを考慮して場合分けをする．それらの場合ごとに検定方法が異なる．

9.1.1 F 検 定

 F 検定は，実験や調査の際に二つのグループの分散の等質性を検討するために用いられる．この検定では，F 値と呼ばれる統計値と F 分布と呼ばれる確率密度分布を利用する．F の値は，各グループのサンプル数を n_1, n_2 とおいたときに，次式のように計算される．

$$F = \frac{\frac{n_1 s_1^2}{n_1 - 1}}{\frac{n_2 s_2^2}{n_2 - 1}} = \frac{\sigma_1^2}{\sigma_2^2}, \quad \sigma_1^2 > \sigma_2^2 \tag{9.1}$$

上式で，s_1^2, s_2^2 は標本分散，σ_1^2, σ_2^2 は不変分散を表す．画像の特徴量の検定を行う場合，各特徴量のサンプル数は同じであり，$n_1 = n_2 = n$ となるので，F値を求める式はつぎのようになる．

$$F = \frac{s_1^2}{s_2^2} = \frac{\sigma_1^2}{\sigma_2^2}, \quad \sigma_1^2 > \sigma_2^2 \tag{9.2}$$

9.1.2 t 検 定

F 検定によって二つの群の分散の検定を行ったあとで，t 検定により群の平均の差の検定を行う．検定を行う際に，実験を行ったときの条件が検定方法に影響する．それぞれの群に対して実験を行うとき，群の間で分散が有意に異ならない場合と，異なる場合で，t 検定の手法が異なる．まず，分散が有意に異ならない場合（等質の場合）の t 検定を説明する．ここでは，データが正規分布に従う場合について説明する．

（ 1 ） **対応のない t 検定** これは二つの標本が独立している場合に相当する．この場合，F 検定を行った結果，分散が等質であるかどうかによって，一般的な t 検定あるいは Welch の t 検定を行う．まず，F 検定によって分散が等質であるという結果が得られた場合について説明する．

（ a ） **分散が等質な場合の t 検定** 各群の平均値を M_1, M_2，サンプル数を n_1, n_2 とする．自由度は両群の自由度を加えた $(n_1 + n_2 - 2)$ である．この自由度の次式の t 分布において，両側検定であれば $|t|$ から，片側検定であれば t から求めた有意確率が危険率を下回れば，帰無仮説が棄却される．

$$t = \frac{M_1 - M_2}{\sqrt{\dfrac{\sum_i^{n_1}(x_i - M_1)^2 + \sum_i^{n_2}(x_i - M_2)^2}{(n_1 - 1) + (n_2 - 1)} \left(\dfrac{1}{n_1} + \dfrac{1}{n_2}\right)}} \tag{9.3}$$

（ b ） **分散が等質でない場合の t 検定** 分散が等質でない場合，分散の重み付き平均を使用することができない．この場合には，群ごとの不変分散を群ごとの標本数で割った t' を利用する．t' の値は以下に示す自由度 df' の t 分布に従う．この方法を Welch の t 検定と呼ぶ．両側検定であれば $|t'|$ から，片

側検定であれば t' から求めた有意確率が危険率を下回れば,帰無仮説が棄却される.

$$t' = \frac{M_1 - M_2}{\sqrt{\dfrac{\sigma_1^2}{n_1} + \dfrac{\sigma_2^2}{n_2}}} \tag{9.4}$$

$$df' = \frac{\dfrac{\sigma_1^2}{n_1} + \dfrac{\sigma_2^2}{n_2}}{\dfrac{\sigma_1^4}{n_1^2(n_1-1)} + \dfrac{\sigma_2^4}{n_2^2(n_2-1)}} \tag{9.5}$$

(**2**) **対応のあるt検定** つぎに対応のあるt検定について説明する.対応のあるという表現は,同一対象から異なる2時点での観測値が得られた場合や,異なる母集団から同じ条件を持つ組み合わせを選択する場合において,2群のデータの差を問題とするときの表現である.

対応があるt検定では,サンプルごとに求めた2条件の差 D の平均値 M_D と不変分散 σ_D^2 から統計量 t を次式のように求める.このときの自由度は $n-1$ となる.

$$t = \frac{M_D}{\sqrt{\dfrac{\sum_{i}^{n}(D_i - M_D)}{n(n-1)}}} = \frac{M_D}{\sqrt{\dfrac{\sigma_D^2}{n}}} \tag{9.6}$$

9.2 重回帰分析

回帰分析とは,次式に示すように複数の説明変数 x_i によって目的変数 y が特徴付けられているとき,x_i に基づいて y の値を予測する手法である.特徴量からなんらかの指標を求める場合に用いられる.

$$y = a_0 + \sum_{i=1}^{n} a_i x_i \tag{9.7}$$

9.2 重回帰分析

上式は重回帰式（重回帰モデル）と呼ばれ，a_0 を定数，$a_i \ (i=1,\cdots,n)$ を偏回帰係数という．説明変数が一つの場合を単回帰分析，二つ以上の場合を重回帰分析という．

それぞれのサンプルに対して p 個の説明変数を持つデータ $\boldsymbol{x}_i \ (i=1,\cdots,n)$ があるとする．いまサンプルの変数名を $x_{ij} \ (j=1,\cdots,p)$ として，つぎのように表現する．

$$\boldsymbol{x}_i = [x_{i1} \ x_{i2} \ \cdots \ x_{ip}], \quad i=1,\cdots,n \tag{9.8}$$

変数 $\boldsymbol{x}_i$ を用いて，つぎのような重回帰モデルを考える．

$$y_i = a_i + \sum_{j=1}^{p} a_j x_{ij} + \varepsilon_i \tag{9.9}$$

残差と残差平方和をつぎのように定義して，最小2乗法により偏回帰係数を求める．

$$\varepsilon_i = y_i - \hat{y}_i = y_i - \left(\hat{a}_0 + \sum_{j=1}^{p} \hat{a}_j x_{ij}\right) \tag{9.10}$$

$$S = \sum_{i=1}^{n} \varepsilon_i^2 = \sum_{i=1}^{n} \left\{ y_i - \left(\hat{a}_0 + \sum_{j=1}^{p} \hat{a}_j x_{ij}\right) \right\}^2 \tag{9.11}$$

S を最小にする $a_j \ (j=1,\cdots,p)$ を求める．S を $\hat{a}_0, \hat{a}_1, \cdots, \hat{a}_p$ のそれぞれで偏微分して0とおき，整理すると，つぎのようになる．

$$\overline{y} = \hat{a}_0 + \hat{a}_1 \overline{x}_1 + \cdots + \hat{a}_p \overline{x}_p \tag{9.12}$$

$$\hat{a}_1 S_{11} + \hat{a}_2 S_{12} + \cdots + \hat{a}_p S_{1p} = S_{1y} \tag{9.13}$$

$$\hat{a}_1 S_{21} + \hat{a}_2 S_{22} + \cdots + \hat{a}_p S_{2p} = S_{2y} \tag{9.14}$$

$$\vdots \qquad \vdots \qquad \qquad \vdots \qquad \vdots$$

$$\hat{a}_1 S_{p1} + \hat{a}_2 S_{p2} + \cdots + \hat{a}_p S_{pp} = S_{py} \tag{9.15}$$

上式において，$\overline{y}, \overline{x}_i$ は，目的変数と説明変数の平均値を表す．また，S_{ij} をつぎのように定義する．

$$S_{ij} = \sum_{i=1}^{n}(x_{ij} - \overline{x}_j)(x_{ik} - \overline{x}_k) \tag{9.16}$$

$$S_{jy} = \sum_{i=1}^{n}(x_{ij} - \overline{x}_j)(y_i - \overline{y}) \tag{9.17}$$

上式を行列を用いて表現すると，つぎのようになる．

$$\begin{bmatrix} \hat{a}_1 \\ \hat{a}_1 \\ \vdots \\ \hat{a}_1 \end{bmatrix} = \begin{bmatrix} S_{11} & S_{12} & \cdots & S_{1p} \\ S_{21} & S_{22} & \cdots & S_{2p} \\ \vdots & \vdots & \ddots & \vdots \\ S_{p1} & S_{p2} & \cdots & S_{pp} \end{bmatrix}^{-1} \begin{bmatrix} S_{1y} \\ S_{2y} \\ \vdots \\ S_{py} \end{bmatrix} \tag{9.18}$$

上式の計算において逆行列が求まらない場合を，多重共線性が存在するという．説明変数のいくつかが線形関係となっているときに，このような現象が起きる．多重共線性が存在するとき，二つの説明変数の相関係数が ±1 となっている．このような場合には，関係する説明変数を外して解析をやり直す．なお，相関係数が完全に ±1 でなくても，±1 に近い値の場合には説明変数を外したほうがよい．

重回帰分析を行うにあたり，上記のような多重共線性の存在とは別に，目的変数として有効なものだけを説明変数として用いる必要がある．有効な説明変数を選択するために，変数増加法，変数減少法，ステップワイズ法などが用いられる．つぎにステップワイズ法について説明する．

ステップワイズ法

重回帰モデルを作る際，目的変数の計算のために有効な説明変数だけを選択する必要がある．現在，最もよく用いられている選択法はステップワイズ法であり，これは，変数を一つずつ増やす場合と減らす場合の両方を順に試していき，赤池情報量規準（Akaike's information criterion）が減少した段階で終了する方法である．ステップワイズ法はつぎの手順で行われる．

Step 1： 得られた説明変数（特徴量）の組み合わせの中で，決定係数を最も向上させる変数を選択する．初期値としては，目的変数 y との相関係

数が最も大きい変数を選択する。

Step 2： Step 1 で選択した変数とそれまで選択されていた変数との組み合わせでできる回帰式において，偏回帰係数の検定を行う。検定は F 分布を用いて，F^* で行う。この検定で取り入れの基準値のことを FIN 値という。

Step 3： F^* の値が Step 2 で設定した値よりも大きければ，Step 1 で選択した変数を説明変数として取り入れる。Step 2 の設定値より小さい場合には，ここで終了とする。

Step 4： Step 2 の回帰式で，すでに選択されていた変数の偏回帰係数のうち，t^* の絶対値が最小のものを選択し，その変数の偏回帰係数の検定を行う。この検定で除去の基準とする値を FOUT 値という。

Step 5： Step 4 の検定で，F^* の値が設定値より大きければ，その変数はそのまま説明変数として残し，Step 1 に戻る。設定した値より小さい場合には，その変数を説明変数から外し，Step 1 に戻る。

検定では，F 分布の 5% 点などを設定の基準値にするのが正しい方法であるが，計算を簡略化するために FIN = FOUT = 2.0 とするのが一般的である。

9.3 主成分分析

データ解析を行うとき，それぞれのデータがある程度の相関を持っている場合が多い。そのようなデータを解析するときに，すべての変数を用いるのではなく，低い次元の合成関数を用いてデータのばらつきを検討したい場合がある。このとき利用されるのが主成分分析である。

いま，実験により 10 個のデータをとり，各データには四つの数値項目（変数）x_1, x_2, x_3, x_4 が含まれていたとする。実験から得られるデータを比較するときには，x_1 と x_2，x_1 と x_3 のように変数を二つずつ選び，それぞれの変数の相関を見ながらデータのばらつきについて検討を行う。しかし，変数の数が多い場合には組み合わせの数が多くなり，より低い次元（少ない項目）でデー

タのばらつきを解釈することが要求される.そのためには,各変数を線形結合させた合成変数を用いて解釈する方法が有効であることが知られている.この合成変数のことを主成分という.いま主成分を z とすると,先の4変数については,つぎのような主成分を定義することができる.

$$z = a_1 x_1 + a_2 x_2 + a_3 x_3 + a_4 x_4 \tag{9.19}$$

変数の数が n 個の場合には第 n 主成分まで計算することができ,各主成分は結合係数 $a_1, \cdots, a_n$ の値が異なっている.その結合係数は,各変数の相関係数行列の固有値を絶対値の大きな順に並べたものに対応している.

主成分分析では,より低い次元での解析をすることが目的である.変数の数が n 個の場合に主成分も n 個になってしまうので,そのまま使ったのではまったく意味がない.そこで,主成分のうちいくつかを選択して,選ばれた主成分のみによって分析を行うことになる.そのときの選択の基準として,後に示す累積寄与率と因子負荷量というものがある.

9.3.1 分析の手順

それぞれのサンプルに対して p 個の変数を持つデータ $\boldsymbol{x}_i$ $(i=1,\cdots,n)$ があるとする.いまサンプルの変数名を x_{ij} $(j=1,\cdots,p)$ とする.

$$\boldsymbol{x}_i = [x_{i1} \ x_{i2} \ \cdots \ x_{ip}], \quad i = 1, \cdots, n \tag{9.20}$$

各変数が結果に及ぼす影響を等しくするために,標準化変数 $\boldsymbol{u}_i = [u_{ij}]$ ($j=1,\cdots,p$) を考える.ここで,j 番目の変数の平均値を $\overline{x}_j = \sum_{k=1}^{n} x_{kj}/n$,標準偏差を s_j とすると,次式を得る.

$$\boldsymbol{u}_i = [u_{i1} \ u_{i2} \ \cdots \ u_{ip}] \tag{9.21}$$

$$u_{ij} = \frac{x_{ij} - \overline{x}_j}{s_j}, \quad i = 1, \cdots, n, \ j = 1, \cdots, p \tag{9.22}$$

式 (9.22) により,各標準化変数は平均が 0,分散が 1 に規格化される.
i 番目のサンプルの第 1 主成分の値(主成分得点)をつぎのようにおく.

$$z_{i1} = \sum_{j=1}^{p} a_j u_{ij} \tag{9.23}$$

すべての変数によるデータのばらつきを第 1 主成分に反映させるためには，分散 V_{z_1} が最大になる係数 a_j ($j = 1, \cdots, p$) を求めればよい．式 (9.22) において u_{ij} の平均が 0 であることから，z_{i1} の平均も 0 となっている．したがって，z_{i1} の分散を求める式は，次式のように記述することができる．

$$V_{z_1} = \frac{1}{n-1} \sum_{i=1}^{n} z_{i1}^2$$

上式より分散を最大にする係数は，つぎの相関係数行列の第 1 固有値（最大固有値）λ_1 に対応する大きさ 1 の固有ベクトル $\boldsymbol{a} = [a_1, \cdots, a_p]^t$ であり，V_{z_1} の最大値は λ_1 である．

$$\boldsymbol{R} = \begin{bmatrix} 1 & r_{x_1 x_2} & \cdots & r_{x_1 x_p} \\ r_{x_2 x_1} & 1 & \cdots & r_{x_2 x_p} \\ \vdots & \vdots & \ddots & \vdots \\ r_{x_p x_1} & r_{x_p x_2} & \cdots & 1 \end{bmatrix} \tag{9.24}$$

$$r_{x_i x_j} = \sum_{k=1}^{n} u_{ki} u_{kj} \tag{9.25}$$

この実対称係数行列の固有値・固有ベクトルは，Jacobi 法や累乗法を用いて求めることができる．第 2 主成分以降についても同様の手法で主成分得点を計算していくことができる．第 k 主成分は係数行列 R の第 k 固有値に対応する大きさ 1 の固有ベクトルである．

9.3.2 主成分の寄与率

p 個の変数があるとき，主成分も p 個求めることができる．主成分分析はデータが持つ p 個の変数の線形結合を主成分として分析を行う方法であるから，それぞれの主成分が元のデータをどの程度説明しているかを示す尺度が必要となる．その尺度として寄与率がある．第 k 主成分の最大値は第 k 固有値 λ_k であるから，寄与率は次式で表すことができる．

$$\frac{\lambda_k}{\sum_{i=1}^{p} \lambda_i} = \frac{\lambda_k}{p} \tag{9.26}$$

上式で，固有値の性質から $\sum_{i=1}^{p} \lambda_i = \mathrm{tr}(\boldsymbol{R}) = p$ となる。また，寄与率を第 1 主成分から順に累積していったものを累積寄与率といい，第 k 主成分までの累積寄与率は次式のようになる。

$$\frac{\sum_{i=1}^{k} \lambda_i}{\sum_{i=1}^{p} \lambda_i} = \frac{\sum_{i=1}^{k} \lambda_i}{p} \tag{9.27}$$

固有値が 1 以上になることや，累積寄与率が 80% を超えることが，主成分選択の基準としてよく用いられる。

元の各変数と各主成分の相関係数を因子負荷量という。因子負荷量は各主成分 z_k と元の変数 x_i との相関 $r_{z_k x_i}$ を示すものである。第 1 主成分に対する因子負荷量は，第 1 主成分の固有値 λ_1 と主成分の変数係数 a_i $(i=1,\cdots,p)$ を用いて，つぎのように表すことができる。

$$r_{z_1 x_1} = \sqrt{\lambda_1} a_1, \cdots, \ r_{z_1 x_p} = \sqrt{\lambda_1} a_p \tag{9.28}$$

第 2 主成分以降も同様の計算により因子負荷量を求めることができる。なお，採用した主成分がなにを表す指標であるのかを定義する際に，因子負荷量がよく用いられる。

9.4 判別分析

判別分析では，グループに分類するための線形判別式を求めて，その基準によって新たなサンプルを分類する。データが基準の式に合わない場合は，誤判別となる場合がある。

判別分析とは,あるサンプルが初めに設定されている二つ(あるいはそれ以上)の群のどれに属するかを推定する手法である。一般的な判定基準として,マハラノビスの汎距離がよく用いられる。ユークリッド距離が単純な直線距離であるのに対し,マハラノビスの汎距離は標準偏差や分散値を考慮して定義された距離である。あるサンプルが二つのグループの中心位置のどちらに近いかを,マハラノビスの汎距離によって判別する。以下では,マハラノビスの汎距離について説明する。

マハラノビスの汎距離

(1) 1変量のマハラノビスの汎距離 異なる入力によって得られた二つのデータを比較する場合,データを標準化する必要がある。次式によって変量 x は変量 z に標準化される。

$$z = \frac{x - \overline{x}}{s_x} \tag{9.29}$$

ここで,$\overline{x}$ は平均値であり,s_x は変量 x の標準偏差である。これにより,平均値や分散によらず,データを客観視できる。上式は,平均値からの標準的な距離を表すと考えられる。x の値が平均値 $\overline{x}$ よりも小さい場合に負の値となることを考慮して,一般的にはマハラノビスの汎距離 Dm は次式で求められる。

$$\mathrm{Dm}^2 = \frac{|x - \overline{x}|^2}{s_x^2} = \frac{(x - \overline{x})^2}{s_x^2} \tag{9.30}$$

(2) 多変量のマハラノビスの汎距離 多変量の場合のマハラノビスの汎距離について考える。ある二つの変量 x, y の場合を考えると,これらの平均値,分散,共分散の値は**表 9.1** のようになる。

表 9.1 変量 x と y に関する統計量

変量	平均値	分散	共分散
x	$\overline{x}$	s_x^2	s_{xy}
y	$\overline{y}$	s_y^2	s_{xy}

式 (9.30) を 2 次元に拡張すると，次式のようになる．

$$\mathrm{Dm}^2 = (x - \overline{x} \ \ y - \overline{y}) \begin{pmatrix} s_x^2 & s_{xy} \\ s_{xy} & s_y^2 \end{pmatrix}^{-1} \begin{pmatrix} x - \overline{x} \\ y - \overline{y} \end{pmatrix} \tag{9.31}$$

つぎに，多変量の場合のマハラノビスの汎距離について説明する．k 個の群の母集団の平均を $\mu_j = (\mu_{1j}, \mu_{2j}, \cdots, \mu_{pj})'$，変量を $X = (X_1, X_2, \cdots, X_p)$ とし，各群の共分散行列を Σ_j，その逆行列を Σ_j^{-1} とすると，マハラノビスの汎距離は次式で表される．

$$\mathrm{Dm}_j^2 = (X - \mu_j)' \Sigma_j^{-1} (X - \mu_j) \tag{9.32}$$

このとき，各群の共分散行列が等しいと仮定すると，次式のようになる．

$$\mathrm{Dm}_j^2 = X' \Sigma^{-1} X - 2 X' \Sigma^{-1} \mu_j + \mu_j' \Sigma^{-1} \mu_j \tag{9.33}$$

ここで，第 1 項は各群に共通の値であり，第 3 項は群ごとに異なる定数（c_j とする）である．第 2 項についてはケースごとに異なる値が算出される．第 2 項を次式のように表す．

$$2 X' \Sigma^{-1} \mu_j = a_{1j} X_1 + a_{2j} X_2 + \cdots + a_{pj} X_p \tag{9.34}$$

マハラノビスの汎距離 Dm において，第 1 項は群判別に関係がないため無視して考えると，結果的に以下に示す分類関数により群への分類を行うことができる．

$$f_j = a_{1j} X_1 + a_{2j} X_2 + \cdots + a_{pj} X_p + c_j \tag{9.35}$$

9.5 クラスタ分析

判別分析が二つのグループの境界線を求める方法であるのに対して，クラスタ分析は類似したデータを同じグループに分けていく方法である．グループ境界を求めるわけではないので，誤判別が起こるということはない．ここでは，階層的クラスタリングと k-means 法について説明する．

9.5.1 階層的クラスタリング

階層的クラスタリングは,個体間の似ている度合いを距離で評価し,距離の近いものから同じクラスタであると判定し,融合していく方法である。個体数 n のすべてに対して距離を計算し,それらの大小を比較して,距離が最も小さい二つのデータを融合してクラスタを作る。以後,クラスタを個体と見なして,同様の計算と融合を繰り返していく。

図 9.1 にクラスタの概念とクラスタリングに必要なパラメータを示す。図で,クラスタ c に含まれない個体あるいはクラスタを h とする。融合前の各クラスタ間の距離をそれぞれ d_{ah}, d_{bh}, d_{ab} とすれば,c と h の距離 d_{ch} は次式で与えられる。

$$d_{ch} = \alpha d_{ah} + \beta d_{bh} + \gamma d_{ab} + \delta |d_{ah} - d_{bh}| \tag{9.36}$$

$$d_{ch}^2 = \alpha d_{ah}^2 + \beta d_{bh}^2 + \gamma d_{ab}^2 + \delta |d_{ah}^2 - d_{bh}^2| \tag{9.37}$$

ここで,$\alpha, \beta, \gamma, \delta$ は距離の定義によって決まる定数である。

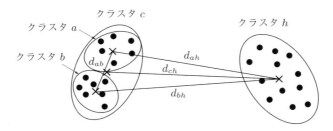

図 9.1 クラスタリングに用いるパラメータ

以下に,クラスタリングを融合する際によく用いられる距離の定義を示す。

(1) **最短距離法** 図 9.2 (a) に示すように,クラスタ c と h に含まれる最短距離にある個体間の距離を d_{ch} と定義する方法である。このとき,各係数はつぎのように表される。

$$\alpha = \beta = \frac{1}{2},\ \gamma = 0,\ \delta = -\frac{1}{2} \Rightarrow d_{ch} = \min[d_{ah}, d_{bh}] \tag{9.38}$$

この方法では,クラスタが大きくなるにつれて,クラスタと周辺個体との距

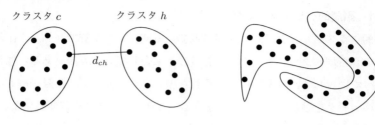

(a) クラスタ間距離 d_{ch} の定義　　　(b) 連鎖クラスタの例

図 **9.2** 最短距離法

離が小さくなる傾向があり，連鎖効果により図 9.2 (b) に示すような長い連鎖クラスタを作りやすいという特徴がある．

（**2**）　**最長距離法**　　図 **9.3** に示すように，クラスタ c と h に含まれる最長距離にある個体間の距離を d_{ch} と定義する方法である．このとき，各係数はつぎのように表すことができる．

$$\alpha = \beta = \frac{1}{2},\ \gamma = 0,\ \delta = \frac{1}{2} \ \Rightarrow\ d_{ch} = \max[d_{ah}, d_{bh}] \tag{9.39}$$

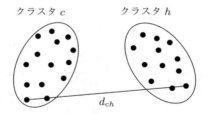

図 **9.3** 最長距離法

この方法は，クラスタが大きくなるにつれて，そのクラスタと周辺個体との距離が大きくなる傾向があり，クラスタ周辺の個体が融合されにくくなるという性質がある．

（**3**）　**メディアン法**　　図 **9.4** に示すように，クラスタ間の距離を，各クラスタの重心間の距離で定義する方法である．各係数はつぎのように表すことができる．

$$\alpha = \beta = \frac{1}{2},\ \gamma = -\frac{1}{4},\ \delta = 0 \tag{9.40}$$

9.5 クラスタ分析

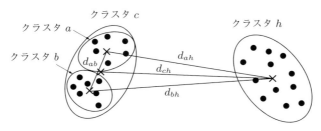

図 **9.4** メディアン法

メディアン法では，各クラスタの大きさ（個体数）はすべて等しいものとしている点が，つぎに示す重心法と異なっている。メディアン法の距離は，最短距離と最長距離の中間的な性質を持っている。

（4）重 心 法 重心法は，クラスタ間の距離をクラスタの重心間の距離で定義したものであり，係数はつぎのようになる。

$$\alpha = \frac{N_a}{N_c}, \ \beta = \frac{N_b}{N_c}, \ \gamma = -\frac{N_a N_b}{N_c^2}, \ \delta = 0 \tag{9.41}$$

ここで，N_i はクラスタ i における個体数を表す。

（5）群平均法 群平均法は，クラスタ間の距離をその二つのクラスタに含まれるすべての個体間の距離の 2 乗平均で定義したものである。係数はつぎのようになる。

$$\alpha = \frac{N_a}{N_c}, \ \beta = \frac{N_b}{N_c}, \ \gamma = 0, \ \delta = 0 \tag{9.42}$$

（6）Ward 法 Ward 法は，クラスタの重心からの個体の位置の偏差平方和の増加量が最小になるクラスタを融合する。係数はつぎのようになる。

$$\alpha = \frac{N_h + N_a}{N_h + N_c}, \ \beta = \frac{N_h + N_b}{N_h + N_c}, \ \gamma = -\frac{N_h}{N_h + N_c}, \ \delta = 0 \tag{9.43}$$

初期クラスタ間の距離の計算は，重心法と同じ式になる。

9.5.2 k-means 法

k-means 法は，入力画像群を分割するクラスの数をあらかじめ k 個と設定して分割し，これを初期状態として分割の修正を繰り返すことで，より良い分割

を探し出す方法である。k-means 法はつぎの手順で行われる。

Step 1： それぞれのクラスの代表点を表す種子点（seed point）を，画像群が存在する特徴空間に無作為に k 個ばらまく。

Step 2： その種子点から入力画像までの距離を計算し，最も近い距離の種子点を求め，種子点のクラスに入力画像が属するようにする。

Step 3： 各クラスの平均位置を求め直し，そこに種子点を移動させる。そして，入力画像を分割し直す。

Step 4： Step 3 の処理を繰り返し，分割を修正していく。入力画像のクラスの移動がなくなったときに処理を終了する。入力画像が収束しない，振動現象が起きる場合もあるので，振動が発見されたら処理を中止する。

k-means 法は，処理量が少ないという利点があるが，種子点によって結果が異なるという問題がある。クラス数を実際よりも多く設定した場合には，後処理として近いクラスを併合することが必要である。この方法では，多めに種子点を設定して，後処理を入れるのが通常である。

10 機械学習による分析

　特徴量などの判別分析の手法として，ニューラルネットワークやサポートベクトルマシンなどの機械学習が用いられることがある．機械学習では，教師データを用いて判別関数を決定する．機械学習は進化し続けており，非常に高度なアルゴリズムも提案されているが，ここでは機械学習の基本的なアルゴリズムについて説明する．

10.1　ニューラルネットワーク

　ニューラルネットワークは，脳の情報処理機能をモデル化したシステムである．脳はニューロンと呼ばれる神経素子を多数結合することによって並列的に処理を行っている．ここでは，ニューロンをモデル化したパーセプトロンおよび誤差逆伝搬法について説明する．

10.1.1　パーセプトロン
　最も簡単なニューロンモデルは，つぎのような特徴を持っている．
(1) シナプス前細胞のインパルスが，シナプス結合を通じて，シナプス後細胞に影響を及ぼす．
(2) シナプス後細胞の薄膜ポテンシャルは，多くのシナプス細胞によって決定される．
(3) 薄膜ポテンシャルが閾値を超えたときに，出力インパルスが起こる．
　上記の特徴をモデル化した図 **10.1** をパーセプトロンと呼んでいる．

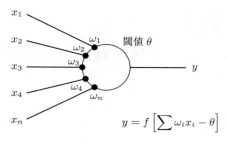

図 10.1　パーセプトロン

図 10.1 の入出力を特徴付ける式は，つぎのようになる。

$$u = \sum_i^n \omega_i x_i - \theta \tag{10.1}$$

$$y = f(u) \tag{10.2}$$

出力関数 f としては，つぎの線形閾値関数を用いる。

$$f(u) = \begin{cases} 1 & u > 0 \\ 0 & u \leqq 0 \end{cases} \tag{10.3}$$

図 10.2 に特徴空間の線形分離を示す。

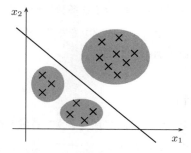

図 10.2　特徴空間の線形分離

10.1.2　誤差逆伝搬法

パーセプトロンは入力層と出力層の 2 層のネットワークと見ることができる。単純な線形識別に対しては効果があるが，一般的なパターン識別には不十分で

ある．このネットワークに中間層を入れることによって，非線形の識別能力を持たせることができる．この3層ネットワークに対してよく用いられる教師あり学習方法として，誤差逆伝搬法（back-propagation method）がある．

ここでは，図 **10.3** に示す3層ニューラルネットワークに対する誤差逆伝搬法のアルゴリズムについて説明する．ニューラルネットワークへの入力ベクトルを $\boldsymbol{x} = [x_i]^T$ $(i = 1, 2, \cdots, n)$，中間層の出力ベクトルを $\boldsymbol{y} = [y_i]^T$ $(i = 1, 2, \cdots, n)$，出力層の出力ベクトルを z_i とする（T は転置を表す）．このとき，入力ベクトルと出力ベクトルの間には，つぎの関係がある．

$$y_j = \sum_{i=1}^{N} w_{ij} x_i \tag{10.4}$$

$$u_k = \sum_{j=1}^{N} w_{jk} y_j \tag{10.5}$$

$$z_k = f(u_k) \tag{10.6}$$

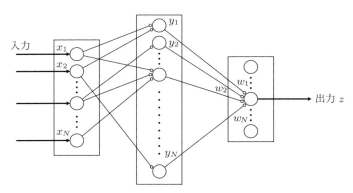

図 **10.3** 3層ニューラルネットワーク

この3層ニューラルネットワークでは，出力関数として次式で表されるシグモイド関数がよく用いられる．シグモイド関数は，図 **10.4** に示される入出力特性を持っている．

$$f(u) = \frac{1}{1 + \exp(-u)} \tag{10.7}$$

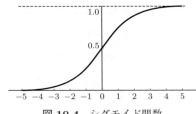

図 10.4 シグモイド関数

ニューラルネットワークの学習のためには，学習用パターン入力 $\boldsymbol{x} = [x_i]^T$ ($i = 1, 2, \cdots, n$) を入力したときの出力 $\boldsymbol{z} = [z_j]^T$ ($j = 1, 2, \cdots, m$) と教師データ $\boldsymbol{t} = [t_j]^T$ ($j = 1, 2, \cdots, m$) との2乗誤差 E を評価関数と考える。

$$E = \frac{1}{2} \sum_j (z_j - t_j)^2 \tag{10.8}$$

初期値としてランダムに値が与えられた重み w_{ij}, w_{jk} を，最急降下法を用いて，評価関数の値を小さくするように更新する。更新式は以下のようになる。

$$w_{ij} = w_{ij} + \Delta w_{ij} \tag{10.9}$$

$$w_{jk} = w_{jk} + \Delta w_{jk} \tag{10.10}$$

出力層と中間層の関係から Δw_{jk} を求めると，つぎのようになる。ここで ε

┌─ コーヒーブレイク ─

畳み込みニューラルネットワーク

　近年，深層学習（deep learning）という言葉をよく聞く。深層学習というのは概念的な言葉なので，それだけで一つの手法を表すわけではない。深層学習の手法として，階層型ネットワークを用いる方法と相互結合型ネットワークを用いる方法がある。階層型ネットワークはパターン認識の手法として有効であり，相互結合型ネットワークは連想記憶などに有効であることが知られている。

　階層型ネットワークの一つとして，畳み込みニューラルネットワーク（convolutional neural network; CNN）がある。CNN は入力層（input layer），畳み込み層（convolution layer），プーリング層（pooling layer），全結合層（fully connected layer），出力層（output layer）から構成される。

は微小量とする。

$$\Delta w_{jk} = -\varepsilon \frac{\partial E}{\partial w_{jk}} = -\varepsilon \sum_c \frac{\partial E}{\partial z_k} f'(u_k) y_j \tag{10.11}$$

ここで

$$\frac{\partial E}{\partial z_k} = z_k - t_k \tag{10.12}$$

および $f'(u_k) = z_k(1-z_k)$ であることから，次式を得る。

$$\frac{\partial E}{\partial w_{jk}} = (z_k - t_k) z_k (1 - z_k) y_j \tag{10.13}$$

中間層と入力層についても同様の関係があることから，Δw_{ij} はつぎのように求めることができる。

$$\Delta w_{ij} = -\varepsilon \frac{\partial E}{\partial w_{ij}} = -\varepsilon \sum_c \frac{\partial E}{\partial y_j} f'(u_j) x_j \tag{10.14}$$

ここで，$f(u)$ がシグモイド関数のとき $f'(u)$ がつぎの関係

$$f'(u) = y(1-y) \tag{10.15}$$

にあることから，重み w_{ij} の更新値 Δw_{ij} は，つぎのように計算することができる。

$$\Delta w_{ij} = -\varepsilon \left(\sum_{k=1}^c (z_k - t_k) z_k (1 - z_k) w_{jk} \right) y_j (1 - y_j) x_i \tag{10.16}$$

上記の処理をパラメータが収束するまで繰り返すことにより，ニューラルネットワークが構築される。ここまでは学習モードであり，このニューラルネットワークを用いて，実際のデータの判別・認識を行う。

10.2 サポートベクトルマシン

10.2.1 最大マージン分類器

サポートベクトルマシン（support vector machine; SVM）の基本は，つぎの式で表される 2 値分類問題である。

$$y(\boldsymbol{x}) = \boldsymbol{w}^T \phi(\boldsymbol{x}) + b \tag{10.17}$$

上式で,$\phi(\boldsymbol{x})$ は特徴空間変換関数であり,b はバイアスパラメータである。訓練データとして,$\boldsymbol{x}_1, \boldsymbol{x}_2, \cdots, \boldsymbol{x}_N$ の N 個の入力に対して,目標値 $t_1, t_2, \cdots, t_N$ ($t_n \in -1, +1$) を用いる。学習後に,未知のデータ $\boldsymbol{x}$ は $y(\boldsymbol{x})$ の符号によって分類される。訓練データは,特徴空間で線形分離可能であると仮定する。これは,少なくとも一組のパラメータ $\boldsymbol{w}$ と b が存在して,分類を行うことができることを意味する。

いま,図 **10.5** に示すように,特徴空間に訓練データが分布している状態を考える。分類関数について,$t_n = +1$ の点に対しては $y(\boldsymbol{x}) > 0$,$t_n = -1$ の点に対しては $y(\boldsymbol{x}) < 0$ であると仮定すると,これらをまとめて $t_n y(\boldsymbol{x})$ と表現することができる。超平面 $y(\boldsymbol{x}) = 0$ から点 $\boldsymbol{x}$ までの距離は $|y(\boldsymbol{x})|/||\boldsymbol{w}||$ で与えられる。すべてのデータを正しく分類する解を求めるために,$t_n y(\boldsymbol{x}_n) > 0$ がすべての n に対して成り立つとする。このとき,分類境界から点 $\boldsymbol{x}_n$ までの距離はつぎのように表される。

$$\frac{t_n y(\boldsymbol{x}_n)}{||\boldsymbol{w}||} = \frac{t_n(\boldsymbol{w}^T \phi(\boldsymbol{x}_n + b))}{||\boldsymbol{w}||} \tag{10.18}$$

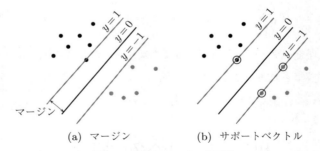

(a) マージン (b) サポートベクトル

図 **10.5** 最大マージン分類器

マージンは,学習データと分類境界の最短距離であり,そのマージンを最大化するパラメータを $\boldsymbol{w}$ と b とする。このとき,解はつぎの最適化問題を解くことで得られる。

$$\underset{\boldsymbol{x},b}{\operatorname{argmax}} \left\{ \frac{1}{||\boldsymbol{w}||} \min_n [t_n(\boldsymbol{w}^T \phi(\boldsymbol{x}_n + b))] \right\} \tag{10.19}$$

この最適化問題を解くのは複雑なので，より簡単な形式に変形する．パラメータ $\boldsymbol{w}$ と b を定数倍しても分類境界までの距離が変化しないことを考慮すると，境界に最も近い点について，つぎの関係を成立させることができる．

$$t_n(\boldsymbol{w}\phi(\boldsymbol{x}_n + b)) = 1 \tag{10.20}$$

この条件のもとでは，すべてのデータについて，つぎの制約式が成立する．

$$t_n(\boldsymbol{w}\phi(\boldsymbol{x}_n + b)) \geqq 1, \quad n = 1, \cdots, N \tag{10.21}$$

この最大化問題は，$1||\boldsymbol{w}||^2$ を最小化する問題と等価なので，マージンを最大化する解は，式 (10.21) の制約のもとで，つぎの最小化問題を解くことで得られる．

$$\underset{\boldsymbol{w},b}{\operatorname{argmin}} \frac{1}{2} ||\boldsymbol{w}||^2 \tag{10.22}$$

この最適化問題を解くために，式 (10.21) の制約式ごとにラグランジュ乗数 $a_n \geqq 0$ を導入すると，つぎのラグランジュ関数が得られる．

$$L(\boldsymbol{w},b,\boldsymbol{a}) = \frac{1}{2}||\boldsymbol{w}||^2 - \sum_{n=1}^{N} a_n \{t_n(\boldsymbol{w}^T \phi(\boldsymbol{x}) + b) - 1\} \tag{10.23}$$

上式で，$\boldsymbol{a} = (a_1, a_2, \cdots, a_N)^T$ である．ラグランジュ関数 $L(\boldsymbol{w}, b, \boldsymbol{a})$ を $\boldsymbol{w}$ と b について微分したあと，それを 0 に等しいとおくことによって，つぎの二つの条件式が得られる．

$$\boldsymbol{w} = \sum_{n=1}^{N} a_n t_n \phi(\boldsymbol{x}_n) \tag{10.24}$$

$$0 = \sum_{n=1}^{N} a_n t_n \tag{10.25}$$

この二つの条件式を式 (10.23) に代入することにより，式 (10.22) の双対表現を得ることができる．

$$\tilde{L}(\boldsymbol{a}) = \sum_{n=1}^{N} a_n - \frac{1}{2} \sum_{n=1}^{N} \sum_{m=1}^{N} a_n a_m t_n t_m k(\boldsymbol{x}_n, \boldsymbol{x}_m) \tag{10.26}$$

ただし，$\boldsymbol{a}$ はつぎの制約条件を満たすものとする。

$$a_n \geqq 0, \quad n = 1, 2, \cdots, N \tag{10.27}$$

$$\sum_{n=1}^{N} a_n t_n = 0 \tag{10.28}$$

また，カーネル関数 $k(\boldsymbol{x}, \boldsymbol{x}')$ は $\phi(\boldsymbol{x})^T \phi(\boldsymbol{x}')$ と定義する。上記の最適化問題は2次計画問題となっている。このカーネル関数の定義については，10.2.3項で説明する。

学習したモデルを用いて新しいデータ点を分類するには，つぎのように定義された $y(\boldsymbol{x})$ を計算し，その符号を調べればよい。

$$y(\boldsymbol{x}) = \sum_{n=1}^{N} a_n t_n k(\boldsymbol{x}_n, \boldsymbol{x}_m) + b \tag{10.29}$$

Karush-Kuhn-Tucker条件（KKT条件）を適用すると，つぎの3種類の条件が成り立つことがわかる。

$$a_n \geqq 0 \tag{10.30}$$

$$t_n y(\boldsymbol{x}_n) - 1 \geqq 0 \tag{10.31}$$

$$a_n \{t_n y(\boldsymbol{x}_n) - 1\} = 0 \tag{10.32}$$

また，すべてのデータ点において $a_n = 0$ あるいは $t_n y(\boldsymbol{x}_n) = 1$ が成り立つ。$a_n \neq 0$ となるデータ点はサポートベクトル（support vector）と呼ばれ，特徴空間のマージンの縁のところに存在する。

2次計画法を解いて $\boldsymbol{a}$ が求まると，それを用いてバイアスパラメータ b を求めることができる。任意のサポートベクトルは $t_n y(\boldsymbol{x}) = 1$ を満たすので，次式が成立する。

$$t_n \left(\sum_{m \in S} a_m t_m k(\boldsymbol{x}_m, \boldsymbol{x}_n) + b \right) = 1 \tag{10.33}$$

数値計算の誤差の影響を減らすために，両辺に t_n を掛けたあとで，すべてのサポートベクトルに対して平均をとることによって得られる次式を利用する。

$$b = \frac{1}{N_S} \sum_{n \in S} \left(t_n - \sum_{m \in S} a_m t_m k(\boldsymbol{x}_n, \boldsymbol{x}_m) \right) \tag{10.34}$$

ここで，S はサポートベクトルの添え字からなる集合を意味する。N_S はサポートベクトルの総数を表す。また，導出の際に $t_n^2 = 1$ であることを用いている。

10.2.2 重なりのあるクラス分布

基本的なサポートベクトルマシンは，訓練データが特徴空間 $\phi(\boldsymbol{x})$ において線形分離可能であり，訓練データを二つのクラスに完全分離できると仮定している。しかし，実際の問題ではクラスの条件付き確率が異なり，完全な分離ができない場合が多い。

このような場合に対応するために，一部の訓練データの誤分類を許すようにサポートベクトルマシンを修正する必要がある。サポートベクトルマシンの誤差関数は，誤って分類されたデータに対して無限大のペナルティを与え，正しく分類されたデータに対してはペナルティを与えない関数となっている。この誤差関数について，データがマージン内に侵入した場合にマージン境界からの距離に応じたペナルティを与えるように式を修正する。ここで，図 **10.6** に示すように，スラック変数（slack variable）$\xi_n \geqq 0$ $(n = 1, 2, \cdots, N)$ を導入する。スラック変数は，訓練データごとにつぎのように定義される。

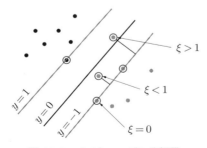

図 **10.6** ソフトマージン分類器

$$\xi_n = \begin{cases} 0 & \text{境界の外側} \\ |t_n - y(\boldsymbol{x}_n)| & \text{その他} \end{cases} \tag{10.35}$$

このスラック変数を用いて，識別関数 (10.21) をつぎのように修正する。

$$t_n y(\boldsymbol{x}_n) \geqq 1 - \xi_n \tag{10.36}$$

スラック変数 ξ は $\xi_n \geqq 0$ を満たしており，つぎのように分類される。

$$\begin{cases} \xi_n = 0 & : \text{正しく分類} \\ 0 < \xi_n \leqq 1 & : \text{マージン内部にあるが正しく分類} \\ \xi_n > 1 & : \text{誤分類} \end{cases} \tag{10.37}$$

この識別関数の修正は，ソフトマージン（soft margin）への緩和と呼ばれている。ソフトマージン法では，マージン境界に対して誤った分類をしたデータにペナルティを与えつつ，マージンを最大化することを目的としている。そこで，つぎのように目的関数を定式化する。ここで，C (> 0) は，スラック変数を用いて表されるパラメータであり，ペナルティとマージンの大きさを制御している。

$$C \sum_{n=1}^{N} \xi_n + \frac{1}{2} ||\boldsymbol{w}||^2 \tag{10.38}$$

この目的関数に対するラグランジュ関数 $L(\boldsymbol{w}, b, \xi, \boldsymbol{a}, \mu)$ は，つぎのようになる。

$$L(\boldsymbol{w}, b, \xi, \boldsymbol{a}, \mu) = \frac{1}{2} ||\boldsymbol{w}||^2 + C \sum_{n=1}^{N} \xi_n \\ - \sum_{n=1}^{N} a_n \{t_n y(\boldsymbol{x}_n) - 1 + \xi_n\} - \sum_{n=1}^{N} \mu_n \xi_n \tag{10.39}$$

ここで，a_n と μ_n はラグランジュ乗数であり，$n = 1, 2, \cdots, N$ として対応する KKT 条件はつぎのようになる。

$$a_n \geqq 0 \tag{10.40}$$

$$t_n y(\boldsymbol{x}_n) - 1 + \xi_n \geqq 0 \tag{10.41}$$

$$a_n \{t_n y(\boldsymbol{x}_n) - 1 + \xi_n\} = 0 \tag{10.42}$$

$$\mu_n \geqq 0 \tag{10.43}$$

$$\xi_n \geqq 0 \tag{10.44}$$

$$\mu_n \xi_n = 0 \tag{10.45}$$

ここで，$\boldsymbol{w}, b, \xi_n$ について停留条件を求めると，つぎのようになる。

$$\frac{\partial L}{\partial \boldsymbol{w}} = 0 \Rightarrow \boldsymbol{w} = \sum_{n=1}^{N} a_n t_n \phi(\boldsymbol{x}_n) \tag{10.46}$$

$$\frac{\partial L}{\partial b} = 0 \Rightarrow \sum_{n=1}^{N} a_n t_n = 0 \tag{10.47}$$

$$\frac{\partial L}{\partial \xi_n} = 0 \Rightarrow a_n = C - \mu_n \tag{10.48}$$

これらの条件式をラグランジュ関数に代入すると，つぎの双対形ラグランジュ関数が得られる。

$$\tilde{L}(\boldsymbol{a}) = \sum_{n=1}^{N} a_n - \frac{1}{2} \sum_{n=1}^{N} \sum_{m=1}^{N} a_n a_m t_n t_m k(\boldsymbol{x}_n, \boldsymbol{x}_m) \tag{10.49}$$

また，上式はつぎの条件のもとで解くことになる。

$$0 \leqq a_n \leqq C \tag{10.50}$$

$$\sum_{n=1}^{N} a_n t_n = 0 \tag{10.51}$$

これらのことから，つぎの式が成り立つ。

$$t_n y(\boldsymbol{x}_n) = 1 - \xi_n \tag{10.52}$$

$0 \leqq a_n \leqq C$ となるサポートベクトルについては $\xi_n = 0$ および $t_n y(\boldsymbol{x}) = 1$ が成り立つので，理論的には次式が成立する。

$$t_n \left(\sum_{m \in S} a_m t_m k(\boldsymbol{x}_m, \boldsymbol{x}_n) + b \right) = 1 \tag{10.53}$$

数値計算の誤差の影響を減らすために，すべてのサポートベクトルに対して平均をとることによって得られる次式を利用する．

$$b = \frac{1}{N_M} \sum_{n \in M} \left(t_n - \sum_{m \in M} a_m t_m k(\boldsymbol{x}_n, \boldsymbol{x}_m) \right) \tag{10.54}$$

ここで，M は $0 \leqq a_n \leqq C$ となるデータ点の添え字からなる集合を意味する．

10.2.3 カーネルトリック

サポートベクトルマシンは，ソフトマージン法を用いることで線形分離可能でない場合にもパラメータを求められるようになるが，非線形で複雑な識別課題に対しては，ソフトマージン法を使っても必ずしも良い性能の分類器を構成できない．一般に，サンプル数が増えるほど線形分離が難しくなる．特徴ベクトルの次元が高くなることによって線形分離の可能性も高くなるが，高次元への写像を行ったときに汎化能力が低下するという問題が生じる．また，データを線形分離可能にするためには，訓練サンプルと同程度の大きな次元に写像する必要があり，計算量が膨大になる．

そこで，サポートベクトルマシンの目的関数や識別関数が内積のみに依存することに注目し，二つの特徴空間変換関数 $\phi(\boldsymbol{x}_1)$ と $\phi(\boldsymbol{x}_2)$ の内積をつぎのように定義する．

$$\phi(\boldsymbol{x}_1)^T \phi(\boldsymbol{x}_2) = k(\boldsymbol{x}_1, \boldsymbol{x}_2) \tag{10.55}$$

特徴空間変換関数 $\phi(\boldsymbol{x}_1)$ と $\phi(\boldsymbol{x}_2)$ の内積を計算する代わりに，特徴量 $\boldsymbol{x}_1$ から最適な非線形関数 $k(\boldsymbol{x}_1, \boldsymbol{x}_2)$ を構成することができる．このような関数 $k(\boldsymbol{x}_1, \boldsymbol{x}_2)$ をカーネルと呼んでいる．また，写像された空間での特徴計算を避けてカーネルの計算のみで最適な識別関数を構成するテクニックのことを，カーネルトリックと呼ぶ．実用的にはカーネルは計算が容易なものが好ましく，多項式カーネル，ガウスカーネル，シグモイドカーネルなどがよく用いられる．例として，ガウスカーネルを以下に示す．

$$k(\boldsymbol{x}_1, \boldsymbol{x}_2) = \exp(-\gamma \|\boldsymbol{x}_1 - \boldsymbol{x}_2\|^2) \tag{10.56}$$

目的関数 L_d は，内積の部分をカーネルに置き換えてつぎのように記述することができる。

$$L_d(\boldsymbol{a}) = \sum_{n=1}^{N} a_n - \frac{1}{2}\sum_{n=1}^{N}\sum_{m=1}^{N} a_n a_m t_n t_m \phi(\boldsymbol{x}_n) k(\boldsymbol{x}_1, \boldsymbol{x}_2) \tag{10.57}$$

また，識別関数は次式のようになる。

$$y = \mathrm{sgn}\left(\sum_{n \in S} a_n t_n \phi(\boldsymbol{x}) - b\right) \tag{10.58}$$

カーネル学習では，ガウスカーネルの場合のカーネル幅 γ のような，カーネルのパラメータを適切に設定する必要がある。それらのパラメータは試行錯誤的に決められることが多いが，汎化性能を評価するためのサンプルに対する識別率を評価することで適切なパラメータを決定することも可能である。

11 画像の位置合わせ

画像解析では,複数の画像に同じ対象物体が存在し,その物体の各部位を比較して特徴量を求めることがある。画像全体を並進・回転させて位置合わせを行う方法がよく知られているが,対象物のみに焦点を当てて位置合わせを行いたい場合もある。特に医用画像では,対象物の形状が微妙に変化し,アフィン変換だけでは位置合わせが難しい場合もある。この章では,2枚の画像の位置合わせを行う手法について説明する。

11.1 フーリエ変換の性質

2枚の画像の位置合わせを行う場合,フーリエ変換の性質を用いる方法がよく知られている。ここでは,画像の相関積分のフーリエ変換を用いて位置合わせを行う方法を説明する。相関積分のフーリエ変換の特徴について以下に説明する。

11.1.1 1次元相関積分のフーリエ変換

関数を $x(t), y(t)$ とすると,相関関数は $g(t)$ と表すことができる。

$$g(t) = \int_{-\infty}^{\infty} x(\tau)y(t+\tau)d\tau \tag{11.1}$$

それぞれのフーリエ変換を $X(\omega), Y(\omega), G(\omega)$ とすると,次式のように表すことができる。

$$G(\omega) = \int_{-\infty}^{\infty} g(t) e^{-j\omega t} dt \tag{11.2}$$

$$= \int_{-\infty}^{\infty} \int_{-\infty}^{\infty} x(\tau) y(t+\tau) d\tau \cdot e^{-j\omega t} dt \tag{11.3}$$

$$= \int_{-\infty}^{\infty} x(\tau) e^{j\omega\tau} d\tau \int_{-\infty}^{\infty} y(t+\tau) e^{-j\omega(t+\tau)} dt \tag{11.4}$$

$$= \overline{X(\omega)} Y(\omega) = X(\omega) \overline{Y(\omega)} \tag{11.5}$$

ここで，$\overline{X(\omega)}$，$\overline{Y(\omega)}$ は，$X(\omega)$，$Y(\omega)$ の共役複素関数を表す．この結果は，フーリエ変換の性質としてよく知られている畳み込み関数の変換結果と似ているが，片方の関数のフーリエ変換が複素共役になっている点が異なる．

11.1.2 離散時間における 1 次元相関とフーリエ変換

二つの離散時間関数を $f(m)$，$h(m)$，相関関数を $g(m)$ とするとき，相関関数は次式のように計算することができる．

$$g(m) = \sum_{\tau=0}^{M-1} f(\tau) h(m+\tau) \tag{11.6}$$

関数 $f(m)$，$h(m)$，$g(m)$ それぞれのフーリエ変換を $F(k)$，$H(k)$，$G(k)$ として，上式のフーリエ変換は次式のように表すことができる．

$$G(k) = \sum_{m=0}^{M-1} g(m) e^{-j2\pi \frac{mk}{M}} \tag{11.7}$$

$$= \sum \sum f(\tau) h(m+\tau) e^{-j2\pi \frac{mk}{M}} \tag{11.8}$$

$$= \sum f(\tau) e^{j2\pi \frac{k\tau}{M}} \cdot \sum h(m+\tau) e^{-j2\pi \frac{k(m+\tau)}{M}} \tag{11.9}$$

$$= \overline{F(k)} H(k) = F(k) \overline{H(k)} \tag{11.10}$$

ここで，$\overline{F(k)}$，$\overline{H(k)}$ は，$F(k)$，$H(k)$ の共役複素関数を表す．

11.1.3 2 次元相関積分のフーリエ変換

関数を $f(x,y)$，$h(x,y)$ とすると，2 次元の相関関数 $g(x,y)$ はつぎのように表すことができる．

$$g(x,y) = \int_{-\infty}^{\infty} \int_{-\infty}^{\infty} f(u,v)h(x+u,y+v)dudv \tag{11.11}$$

それぞれのフーリエ変換を $F(\xi,\eta)$, $H(\xi,\eta)$, $G(\xi,\eta)$ とすると，次式のように表すことができる．

$$G(\xi,\eta) = \int_{-\infty}^{\infty} \int_{-\infty}^{\infty} g(x,y)e^{-j\omega(\xi x+\eta y)}dxdy \tag{11.12}$$

$$= \iiiint f(u,v)h(x+u,y+v)e^{-j\omega(\xi x+\eta y)}dudvdxdy \tag{11.13}$$

$$= \iint f(u,v)e^{j\omega(\xi u+\eta v)}dudv$$

$$\cdot \iint h(x+u,y+v)e^{-j\omega(\xi(x+u)+\eta(y+v))}dxdy \tag{11.14}$$

$$= \overline{F(\xi,\eta)}H(\xi,\eta) = F(\xi,\eta)\overline{H(\xi,\eta)} \tag{11.15}$$

ここで，$\overline{F(\xi,\eta)}$, $\overline{H(\xi,\eta)}$ は，$F(\xi,\eta)$, $H(\xi,\eta)$ の共役複素関数を表す．2次元の場合も，それぞれの関数をフーリエ変換し，一方を複素共役にして乗じるという関係は同じである．

11.1.4 離散時間における2次元相関とフーリエ変換

二つの離散時間関数を $f(m,n)$, $h(m,n)$, 相関関数を $g(m,n)$ とするとき，相関関数は次式のように計算することができる．

$$g(m,n) = \sum_{\tau_1=0}^{M-1} \sum_{\tau_2=0}^{N-1} f(\tau_1,\tau_2)h(m+\tau_1,n+\tau_2) \tag{11.16}$$

関数 $f(m,n)$, $h(m,n)$, $g(m,n)$ のそれぞれのフーリエ変換を $F(k_1,k_2)$, $H(k_1,k_2)$, $G(k_1,k_2)$ として，上式のフーリエ変換は次式のように表すことができる．

$$G(k_1,k_2) = \sum_{m=0}^{M-1} \sum_{n=0}^{N-1} g(m,n)e^{-j2\pi\left(\frac{mk_1}{M}+\frac{nk_2}{N}\right)} \tag{11.17}$$

$$= \sum\sum\sum\sum f(\tau_1,\tau_2)h(m+\tau_1,n+\tau_2)e^{-j2\pi\left(\frac{mk_1}{M}+\frac{nk_2}{N}\right)} \tag{11.18}$$

$$= \sum\sum f(\tau_1,\tau_2)e^{-j2\pi\left(\frac{k_1\tau_1}{M}+\frac{k_2\tau_2}{N}\right)}$$
$$\times \sum\sum h(m+\tau_1,n+\tau_2)e^{-j2\pi\left(\frac{k_1(m+\tau_1)}{M}+\frac{k_2(n+\tau_2)}{N}\right)}$$
(11.19)

$$= \overline{F(k_1,k_2)}H(k_1,k_2) = F(k_1,k_2)\overline{H(k_1,k_2)} \qquad (11.20)$$

ここで，$\overline{F(k_1,k_2)}$, $\overline{H(k_1,k_2)}$ は，$F(k_1,k_2)$, $H(k_1,k_2)$ の共役複素関数を表す．

11.2 位相限定相関法

位相限定相関法は，画像の位相成分に着目することによって画像間の位置ずれ量などを高精度に算出する手法である．ディジタル画像は離散 2 次元関数であり，離散フーリエ変換によって振幅成分と位相成分に分けることができる．図 **11.1** (a) に示す原画像を離散フーリエ変換し，その位相成分に対して逆離散フーリエ変換を行うと，図 11.1 (b) に示す位相画像が出力される．原画像と位相画像を比較すると，位相画像は原画像の形状情報を持っていることがわかる．位相限定相関法では，画像の形状情報のみに着目して画像間の相関を算出することができる．

(a) 原画像　　　　　　　(b) 位相画像

図 **11.1** 位 相 画 像

11.2.1 位相限定相関法による移動量の算出

ここでは,大きさ $M \times N$ の二つの画像 $f(m,n)$, $g(m,n)$ を考える。画像 $g(m,n)$ は $f(m,n)$ を m, n 方向にそれぞれ δ_1, δ_2 だけ微小に移動させた画像である。すなわち,$g(m,n) = f(m-\delta_1, n-\delta_2)$ である。これらの画像に対して2次元離散フーリエ変換を行ったものをそれぞれ $F(k_1,k_2)$, $G(k_1,k_2)$ として,以下の式で表す。

$$F(k_1,k_2) = A_F(k_1,k_2)e^{j\theta_F(k_1,k_2)} \tag{11.21}$$

$$G(k_1,k_2) = A_G(k_1,k_2)e^{j\theta_G(k_1,k_2)} \tag{11.22}$$

ただし,$A_F(k_1,k_2)$, $A_G(k_1,k_2)$ はそれぞれ $f(m,n)$, $g(m,n)$ の振幅成分を表し,$\theta_F(k_1,k_2)$, $\theta_G(k_1,k_2)$ はそれぞれの位相成分を表している。ここで,位相成分のみで相関をとるために $F(k_1,k_2)$, $G(k_1,k_2)$ をそれぞれの大きさで正規化し,複素共役をとったものを乗算する。これは位相限定合成と呼ばれ,以下の式で表される。

$$\begin{aligned}\hat{R}(k_1,k_2) &= \frac{F(k_1,k_2)\overline{G(k_1,k_2)}}{|F(k_1,k_2)\overline{G(k_1,k_2)}|} \\ &= e^{j\theta(k_1,k_2)}\end{aligned} \tag{11.23}$$

ただし,$\overline{G(k_1,k_2)}$ は $G(k_1,k_2)$ の複素共役であり,$\theta(k_1,k_2) = \theta_F(k_1,k_2) - \theta_G(k_1,k_2)$ である。$\hat{R}(k_1,k_2)$ の逆離散フーリエ変換は位相限定相関関数 $\hat{r}(m,n)$ と呼ばれ,以下の式で表される。

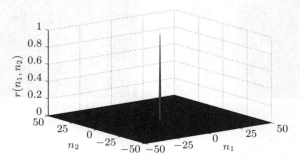

図 11.2 鋭いピークを持つ位相限定相関関数

$$\hat{r}(m,n) \cong \frac{\sin\{\pi(m+\delta_1)\}}{\pi(m+\delta_1)} \frac{\sin\{\pi(n+\delta_2)\}}{\pi(n+\delta_2)} \tag{11.24}$$

上式より，位相限定相関関数は $n_1 = -\delta_1$, $n_2 = -\delta_2$ でピークを持つ sinc 関数になる．一例として，図 11.2 に $\delta_1 = 0$, $\delta_2 = 0$ の場合を表す．このようなピークを持つことから，位相限定相関法によって画像間の移動量 δ_1, δ_2 を算出することができる．

11.2.2 サブピクセル化による画像移動量の高精度推定

ディジタル画像において座標 m, n は整数値をとるため，位相限定相関関数は離散関数になる．一方，画像間の移動量 δ_1, δ_2 はつねに整数値をとるとは限らない．画像の移動量と位相限定相関関数のピーク値の関係の一例を図 11.3 に示す．この図では δ_1 方向のみに移動したものとし，$\delta_2 = 0$ としている．図 11.3 (a) に示すように，移動量が整数値の場合に，位相限定関数のピーク位置は相関関数の最大値から正確に算出できる．しかし，図 11.3 (b) に示すように，移動量が整数値でない場合は，位相限定相関関数の最大値を持つ座標と真の移動量が一致しない．位相限定相関法では，サブピクセル化と呼ばれる処理を行うことで画素分解能を超えた移動量の算出を行い，この問題を解決する．サブピクセル化では，式で与えられる位相限定相関関数のピークモデルを実データにフィッティングすることによって真のピーク座標 (δ_1, δ_2) を推定する．フィッ

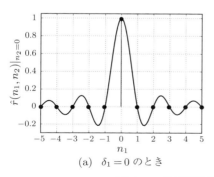
(a) $\delta_1 = 0$ のとき

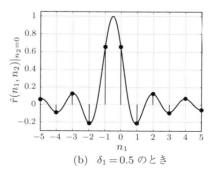
(b) $\delta_1 = 0.5$ のとき

図 11.3 位相限定相関関数のピーク位置

ティングの方法としては，非線形最小2乗法による関数フィッティングなどがあるが，ここではより高速なピーク評価式（peak evaluation formula; PEF）によるピーク推定法を用いる。

式を1次元の形で書き直すと，以下のようになる。

$$\hat{r}(n) \cong \frac{\sin\{\pi(n+\delta)\}}{\pi(n+\delta)} \tag{11.25}$$

ただし，δ は微小な移動量である。いま，図 **11.4** に示すように，位相限定相関関数のピーク近傍の点 $n = p$ と，この点から $\pm d$（d は自然数）だけ離れた点 $n = p - d$，$n = p + d$ を考える。

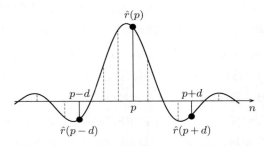

図 **11.4** 位相限定相関関数のピーク位置の変動

式 (11.25) より，これら3点における位相限定相関関数の値 $\hat{r}(p-d)$，$\hat{r}(p)$，$\hat{r}(p+d)$ には，以下の関係が成立する。

$$\begin{aligned}(p - d + \delta) \cdot \hat{r}(p-d) + (p + d + \delta) \cdot \hat{r}(p+d) \\ = 2(p + \delta) \cos(\pi d) \cdot \hat{r}(p) \end{aligned} \tag{11.26}$$

ここで，上式を整理するため，以下に示す $u(p,d)$，$v(p,d)$ をおく。

$$u(p,d) = \hat{r}(p-d) + \hat{r}(p+d) - 2\cos(\pi d) \cdot \hat{r}(p) \tag{11.27}$$

$$\begin{aligned}v(p,d) = 2\cos(\pi d) \cdot \hat{r}(p) - (p-d) \cdot \hat{r}(p-d) \\ - (p+d) \cdot \hat{r}(p+d)\end{aligned} \tag{11.28}$$

$u(p,d)$，$v(p,d)$ を用いると，式 (11.26) は以下のように整理できる。

11.2 位相限定相関法

$$v(p, d) = \delta \cdot u(p, d) \tag{11.29}$$

上式より，画像間の移動量 δ は，以下のように求めることができる．

$$\delta = u(p, d)^{-1} v(p, d) \tag{11.30}$$

以上の処理から，位相限定相関関数の三つの実測値 $\hat{r}(p-d)$, $\hat{r}(p)$, $\hat{r}(p+d)$ を用いることによって，ピーク位置を算出することができる．理論的には 3 点 $(p-d, p, p+d)$ の組を一つだけ用いれば十分であるが，実際にはさまざまな雑音による影響を受けるので，精度が低下する．より高精度な移動量算出のため，以下の手順で 3 点の組を複数用いて式 (11.29) を最小 2 乗法で解き，移動量 δ を求める．

PEF における基準点 p と，距離 d をそれぞれ変化させた k 個の 3 点組を $(p_i - d_i, p_i, p_i + d_i)$ $(i = 1, 2, \cdots, k)$ とする．このとき，式 (11.29) より k 個の方程式を得る．

$$v(p_i, d_i) = \delta \cdot u(p_i, d_i) \tag{11.31}$$

上式に最小 2 乗法を適用することは，次式で与えられる S を最小にする δ を求めることに等しい．

$$S = \sum_{i=1}^{k} |u(p_i, d_i) - \delta \cdot v(p_i, d_i)|^2 \tag{11.32}$$

S を最小化する解 δ は，以下の式で求められる．

$$\delta = (\boldsymbol{X}^T \boldsymbol{X})^{-1} \boldsymbol{X}^T \boldsymbol{Y} \tag{11.33}$$

ただし，$\boldsymbol{X}, \boldsymbol{Y}$ は以下に示すベクトルであり，T は転置を表す．

$$\boldsymbol{X} = [u(p_1, d_1), u(p_2, d_2), \cdots, u(p_k, d_k)]^T \tag{11.34}$$

$$\boldsymbol{Y} = [v(p_1, d_1), v(p_2, d_2), \cdots, v(p_k, d_k)]^T \tag{11.35}$$

以上から得られる式 (11.33) は，式 (11.30) を k 組の実測点に対して拡張した PEF である．すなわち，位相限定相関関数のピーク近傍に存在する $3k$ 個の実測点を使用することによって，画像間の移動量 δ を求めることができる．

複数組の実測点に対して拡張された PEF を用いて移動量 δ を求める場合，基準点 p_i，距離 d_i は任意に選んでよい．しかし，位相限定相関関数はピーク近傍のみが大きい値を持ち，それ以外の領域では 0 に近い値を持つため，PEF をピーク近傍以外の領域に対して使用すると，雑音などの影響を受けやすくなる．よって，以下に示す条件で式 (11.34), (11.35) に示す $\boldsymbol{X}, \boldsymbol{Y}$ を決定し，ピーク近傍の実測点を用いて移動量 δ を算出する．

$$a = \mathrm{argmax}\{\hat{r}(n)\} \tag{11.36}$$

$$b = \mathrm{argmax}\{\hat{r}(a-1), \hat{r}(a+1)\} \tag{11.37}$$

$$p_1 = p_2 = \cdots = p_{k'} = a \tag{11.38}$$

$$p_{k'+1} = p_{k'+2} = \cdots = p_{2k'} = b \tag{11.39}$$

$$d_1 = 1, d_2 = 2, \cdots, d_{k'} = k' \tag{11.40}$$

$$d_{k'+1} = 1, d_{k'+2} = 2, \cdots, d_{2k'} = k' \tag{11.41}$$

ただし，a は $\hat{r}(n)$ が最大値をとる座標であり，b は $\hat{r}(a-1)$, $\hat{r}(a+1)$ でより大きい値をとる座標である．また，$k = 2k'$ である．

以上から導出された PEF は 1 次元関数に対するピーク推定法であったが，2 次元の相関ピークモデルにも拡張が可能である．式 (11.24) より，位相限定相関関数 $\hat{r}(m,n)$ は m, n に関して変数分離系であるので，一方を定数とおくことで 1 次元関数のモデルが適用できる．実際にはピーク近傍の実測点を用いて真のピーク位置の推定を行うので，n を定数とおく場合は，その値を $\hat{r}(m,n)$ が最大値をとる座標に固定する．

11.2.3　回転・拡大への対応

位相限定相関法を利用する位置合わせは，平行移動量の推定を行う方法であるが，二つの画像が相似変換の関係にある場合には，回転角度 θ，拡大縮小率 κ を推定することも可能である．ここでは，回転角度と拡大縮小率の求め方について説明する．

回転角度と拡大率を求める場合に，対数極座標変換（Fourier-Mellin 変換）が用いられる．まず，二つの画像 $f(m,n)$ と $g(m,n)$ の 2 次元フーリエ変換 $F(k_1,k_2)$ と $G(k_1,k_2)$ を求める．つぎに，それぞれの振幅スペクトル $|F(k_1,k_2)|$ と $|G(k_1,k_2)|$ を求める．振幅スペクトルは，回転と拡大率の影響のみを受けるので，平行移動を無視することができる．一般的な画像では，振幅エネルギーの大部分が低周波領域に集中するので，つぎのように振幅スペクトルの対数をとる．

$$|F(k_1,k_2)| \to \log\{|F(k_1,k_2)|+1\} \tag{11.42}$$

$$|G(k_1,k_2)| \to \log\{|G(k_1,k_2)|+1\} \tag{11.43}$$

得られた振幅スペクトルに対して，対数極座標変換を行うことで，$F_{\text{LP}}(k_1',k_2')$，$G_{\text{LP}}(k_1',k_2')$ を求める．k_1', k_2' は変換された画像のインデックスを表している．なお，対数極座標変換は次式で行うことができる．

$$\rho = \log\sqrt{x^2+y^2} \tag{11.44}$$

$$\theta = \tan^{-1}\frac{y}{x} \tag{11.45}$$

対数極座標変換で得られた二つの画像の平行移動量を求めることにより，画像の回転角度 θ および拡大率 κ を求めることができる．

12 オプティカルフロー

　この章ではオプティカルフローの考え方について説明する．オプティカルフローは流体力学の計算方法に則った解析方法である．画像全体のずれの検出だけでなく，画像中の物体の動きに関する情報も抽出することができる．

12.1　基本式によるブロックマッチング法

　動画像を撮影するとき，カメラと物体との相対運動には，つぎの三つの場合が考えられる．
(1)　運動する物体を固定カメラで撮影する場合
(2)　静止した物体を移動カメラで撮影する場合
(3)　運動する物体を移動カメラで撮影する場合

　これらの撮影によって得られた映像において，カメラと物体との距離および相対速度から，見かけ上の速度ベクトルが得られる．この見かけ上の速度ベクトルは，オプティカルフローと呼ばれている．オプティカルフローを求めることにより，画像の奥行情報や物体の運動情報を得ることができる．
　画像解析によりオプティカルフローを求める方法として，ブロックマッチング法，グラディエント法など，いくつかの方法が提案されている．どの方法でも，基本となる関係は同様の式で与えられる．
　図 12.1 に示すように，時間 t のときのある物体の位置を $I(x,y,t)$ とし，この物体が各位置で濃度値を一定に保ちながら時間 $t+\Delta t$ のときに $I(x+\Delta x, y+$

12.1 基本式によるブロックマッチング法

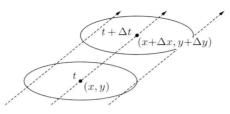

図 **12.1** オプティカルフローの考え方

$\Delta y, t + \Delta t)$ に移動したと仮定する．このとき，物体の各位置の対応付けから次式が成り立つ．

$$I(x, y, t) = I(x + \Delta x, y + \Delta y, t + \Delta t) \tag{12.1}$$

上式の右辺をテイラー展開することによって，次式を得ることができる．

$$\begin{aligned} I(x, y, t) &= I(x, y, t) + \frac{\partial I}{\partial x}\Delta x + \frac{\partial I}{\partial y}\Delta y + \frac{\partial I}{\partial t}\Delta t \\ &\quad + o(\Delta x, \Delta y, \Delta t) \end{aligned} \tag{12.2}$$

上式で，$o(\Delta x, \Delta y, \Delta t)$ は $\Delta x, \Delta y, \Delta t$ の 2 次以上の項を意味する．この項を微小量として無視することにすると，式 (12.2) は次式のようになる．

$$\frac{\partial I}{\partial x}\frac{\Delta x}{\Delta t} + \frac{\partial I}{\partial y}\frac{\Delta y}{\Delta t} + \frac{\partial I}{\partial t} = 0 \tag{12.3}$$

この式をもとにして，見かけ上の移動速度 $(\Delta x/\Delta t, \Delta y/\Delta t)$ を求める方法をブロックマッチング法と呼んでいる．ブロックマッチング法は，図 **12.2** に

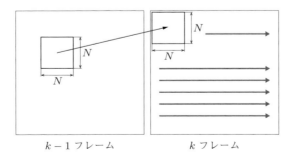

図 **12.2** ブロックマッチングの考え方

示すように，$k-1$ 番目のフレームの小領域をテンプレートとして，k 番目のフレームの同じサイズの領域との類似度あるいは相違度を計算することによって，画像の各領域の移動量を求める方法である。

類似度 R_{SSD} および相違度 R_{SAD} は，$k-1$ フレームのテンプレート，k フレームの小領域（サイズ $M \times N$）をそれぞれ $T(x,y)$ および $I_k(i,j)$ として，つぎのように計算することができる。

$$R_{\mathrm{SSD}} = \sum_{i=0}^{N-1} \sum_{j=0}^{M-1} (I_k(i,j) - T(x,y))^2 \tag{12.4}$$

$$R_{\mathrm{SAD}} = \sum_{i=0}^{N-1} \sum_{j=0}^{M-1} |I_k(i,j) - T(x,y)| \tag{12.5}$$

テンプレートと比較領域が完全に一致したとき，R_{SSD} と R_{SAD} の値は 0 となり，相違が大きいほど大きな値となる。

グラディエント法

式 (12.3) において $\Delta t \to 0$ とした極限における基本式は，つぎのようになる。

$$\frac{\partial I}{\partial x}\frac{dx}{dt} + \frac{\partial I}{\partial y}\frac{dy}{dt} + \frac{\partial I}{\partial t} = 0 \tag{12.6}$$

この式は，動画像中の物体の時間と空間に関する偏微分（勾配，グラディエント）とオプティカルフロー速度

$$\boldsymbol{v} = (u,v) = \left(\frac{dx}{dt}, \frac{dy}{dt}\right) \tag{12.7}$$

とを関連付ける式となっており，オプティカルフローの拘束条件式と呼ばれている。オプティカルフローの速度成分を動画像から求めるとき，一つ以上の拘束条件が必要となる。いま，動画における隣り合うフレームから得られる空間的な変化を最小にするようなオプティカルフローを求めるとする。このとき，オプティカルフロー決定問題はつぎのように定式化できる。

$$\underset{\boldsymbol{v}}{\operatorname{minimize}} \left(\frac{\partial u}{\partial x}\right)^2 + \left(\frac{\partial u}{\partial y}\right)^2 + \left(\frac{\partial v}{\partial x}\right)^2 + \left(\frac{\partial v}{\partial y}\right)^2$$

12.1 基本式によるブロックマッチング法

$$\text{subj.to} \quad \frac{\partial I}{\partial x}\frac{dx}{dt} + \frac{\partial I}{\partial y}\frac{dy}{dt} + \frac{\partial I}{\partial t} = 0 \tag{12.8}$$

ここで，式を見やすくするために，つぎのようにおく．

$$u = \frac{dx}{dt},\ v = \frac{dy}{dt}$$
$$I_x = \frac{\partial I}{\partial x},\ I_y = \frac{\partial I}{\partial y},\ I_t = \frac{\partial I}{\partial t}$$
$$u_x = \frac{\partial u}{\partial x},\ u_y = \frac{\partial u}{\partial y},\ v_x = \frac{\partial v}{\partial x},\ v_y = \frac{\partial v}{\partial y}$$

等式制約問題 (12.8) を解くための拡大目的関数（誤差関数）E はつぎのようになる．ここで，α は相対的な重みを決定する定数である．

$$E = \iint \left\{ (u_x^2 + u_y^2 + v_x^2 + v_y^2) + \alpha^2 (I_x u + I_y v + I_t)^2 \right\} dxdy \tag{12.9}$$

この誤差関数に対して変分法を用いると，以下の条件式が得られる．

$$I_x^2 u + I_x I_y v = \frac{1}{\alpha^2}\nabla^2 u - I_x I_t$$
$$I_x I_y u + I_y^2 v = \frac{1}{\alpha^2}\nabla^2 v - I_y I_t \tag{12.10}$$

このようにしてオプティカルフローを求める手法は，空間的大域最適化法と呼ばれている．設定条件によっていくつかのオプティカルフロー決定法が提案されており，まとめるとつぎのようになる．

（1） 空間的大域最適化法 フレーム間の空間的な変化を最小にするオプティカルフローを求める方法で，つぎのような条件のもとで計算が行われる方法である．

$$\text{minimize} \quad \left(\frac{\partial u}{\partial x}\right)^2 + \left(\frac{\partial u}{\partial y}\right)^2 + \left(\frac{\partial v}{\partial x}\right)^2 + \left(\frac{\partial v}{\partial y}\right)^2$$

先に記述した方法によりオプティカルフローを求める．問題が数理計画法で与えられるので，計算方法にはいくつかの選択肢がある．

（2） 空間的局所最適化法 動画像中の局所領域において，つぎのようにオプティカルフロー（速度ベクトル）が一定であるとして計算が行われる方法である．

$$\frac{\partial \boldsymbol{v}}{\partial x} = \frac{\partial \boldsymbol{v}}{\partial y} = 0$$

この手法では，条件式の連立方程式に最小2乗法を用いてオプティカルフローを求める。

(3) 時間的局所最適化法 動画像から得られるオプティカルフローの時間的な変化がないとして，つぎの条件のもとで計算が行われる方法である。

$$\frac{\partial \boldsymbol{v}}{\partial t} = 0$$

この手法についても，条件式が連立方程式となり，最小2乗法を用いてオプティカルフローを求める。

12.2 Lucas-Kanade法

前節で説明した基本的なオプティカルフロー検出法では，計算に最小2乗法を用いており，推定解と実際の動きとの間にずれが生じる場合が多い。これを補正した方法として，1981年にLucasと金出によって作られた，Lucas-Kanade法と呼ばれるオプティカルフロー検出法がよく知られている。最近の画像解析ソフトでは，この手法が標準的に実装されている。

Lucas-Kanade法は，まず最小2乗法による基本的な検出法を用いてオプティカルフローを計算し，山登り法を利用して推定解とのずれを補正して，オプティカルフローの真値に近づけていく方法である。Lucas-Kanade法はつぎのような考え方をもとにしている。

まず，最小2乗法によりオプティカルフローを求める。1画素当りの拘束条件式は一つであるため，速度ベクトル (u,v) を一意に求めることはできない。そこで，注目画素の近くの画素も同じ動きをするという仮定を追加することによって，(u,v) を求める。

$$\begin{cases} I_{x1}(p_1)u + I_{y1}(p_1)v = -\Delta I_1 \\ I_{x2}(p_2)u + I_{y2}(p_2)v = -\Delta I_2 \end{cases} \tag{12.11}$$

Lucas-Kanade 法では，この考え方をさらに拡張して，さらに広範囲（例えば M 画素）で画素の動きが同じであると仮定している。

$$\begin{cases} I_{x1}(p_1)u + I_{y1}(p_1)v = -\Delta I_1 \\ I_{x2}(p_2)u + I_{y2}(p_2)v = -\Delta I_2 \\ \quad\quad\quad \vdots \\ I_{xM}(p_M)u + I_{yM}(p_M)v = -\Delta I_M \end{cases} \quad (12.12)$$

式を簡単にするために，つぎのようにする。

$$I_{xi} = I_{xi}(p_i)$$
$$I_{yi} = I_{yi}(p_i)$$

を最小 2 乗法を用いて解くと，つぎのように定式化できる。

$$\boldsymbol{AX} = \boldsymbol{B} \quad (12.13)$$

ここで

$$\boldsymbol{A} = \begin{bmatrix} I_{x1} & I_{y1} \\ I_{x2} & I_{y2} \\ \vdots & \\ I_{xM} & I_{yM} \end{bmatrix}, \ \boldsymbol{X} = \begin{bmatrix} u \\ v \end{bmatrix}, \ \boldsymbol{B} = \begin{bmatrix} -\Delta I_1 \\ -\Delta I_2 \\ \vdots \\ -\Delta I_M \end{bmatrix}$$

である。$\boldsymbol{A}$ は正方行列ではないので，つぎのような変換が必要となる。

$$\boldsymbol{A}^T \boldsymbol{A} \boldsymbol{X} = \boldsymbol{A}^T \boldsymbol{B} \quad (12.14)$$

ここで，$\boldsymbol{A}^T$ は $\boldsymbol{A}$ の転置行列を表す。上式において，つぎの条件によって，最小 2 乗法で得られる解の良し悪しを判断できる。

(1) $|\boldsymbol{A}^T \boldsymbol{A}|$ の値が大きい。
(2) $\boldsymbol{A}^T \boldsymbol{A}$ の二つの固有値 λ_1, λ_2 が微小ではない。
(3) λ_1/λ_2 （$\lambda_1 > \lambda_2$）の値が大きすぎない。

12. オプティカルフロー

オプティカルフローを最小2乗法を用いて計算するときに，動画像の隣り合うフレーム間で追跡したい画素の移動量が小さいという前提がある．実際には，隣り合うフレームで1画素以上の移動をすることも珍しくない．フレーム間の移動量が大きくなると，計算はできるが真値との差が大きくなるという問題点がある．

そこで，Lucas-Kanade法では山登り法を利用している．(u, v) を真の速度ベクトルとし，(u', v') を最小2乗法による近似解として，つぎの関係を満たすように画像の解像度を変更する．

$$\begin{cases} |u - u'| < 0.5 \\ |v - v'| < 0.5 \end{cases} \tag{12.15}$$

ここで，つぎのようにする．

$$\begin{cases} u = u' + \Delta u \\ v = v' + \Delta v \end{cases} \tag{12.16}$$

オプティカルフローの仮定より次式を得る．

$$I(x+u, y+v) = H(x, y) \tag{12.17}$$

$$I(x+u'+\Delta u, y+v'+\Delta v) = H(x, y) \tag{12.18}$$

$$I(x+u'+\Delta u, y+v'+\Delta v) - H(x, y) = 0 \tag{12.19}$$

この式をテイラー展開すると，つぎの式を得る．

$$\frac{\partial I}{\partial x}\Delta u + \frac{\partial I}{\partial y}\Delta v + I(x+u', y+v') - H(x, y) = 0 \tag{12.20}$$

u', v' を求めるために，山登り法ではガウシアンピラミッドを用いる．

Step 1：画像 H, I に平滑化フィルタをかけ，間引きによって解像度が 1/2（画素数 1/4）になる H_1, I_1 を作る．この処理を繰り返して，$H_2, I_2, \cdots, H_n, I_n$ を作る．

Step 2：全画素の移動量近似解を $u = 0, v = 0$ とする．画像のレベルを $i = n$ とする．

Step 3: H_i, I_i における各画素の Δu, Δv を計算する。各画素の移動量 $(u, v) = (u' + \Delta u, v' + \Delta v)$ を計算する。解像度のレベルが 1 段高い H_{i-1}, I_{i-1} の画像の近似的な移動量 u', v' をつぎのように計算する。

(1) H_i, I_i の (x, y) 画素の移動量 (u, v) から,H_{i-1}, I_{i-1} の $(2x, 2y)$ 画素の移動量を $(2u, 2v)$ とする。

(2) H_{i-1}, I_{i-1} のそれ以外の画素に対して,隣接する偶数値画素 $(2x, 2y)$ の平均移動量として (u', v') を求める(双線形補間)。

(3) $i = i - 1$ とする。

(1)〜(3) をレベル i の値が 0 になるまで繰り返す。

図 **12.3**(口絵 5)にオプティカルフローの計算例を示す。(a) 画像 1 と (b) 画像 2 は動画像ファイルの隣り合うフレームであり,画像 2 は画像 1 を斜めの方向に少しだけ移動したものとなっている。図 (c) は,オプティカルフローを計算して,速度ベクトルの線を重ねた図である。

(a) 画像 1　　　　(b) 画像 2　　　　(c) 計算結果

図 **12.3** オプティカルフローの計算例

12.3　オプティカルフローの応用

前節までで,オプティカルフローの計算アルゴリズムを説明してきた。ここでは,動画像解析の分野で,オプティカルフローを利用する例を紹介する。

12.3.1　画像中の移動物体の認識

　静止画像中の一部の物体が速度場を持っているとき，複数のオプティカルフローが検出される．特に静止カメラを利用している場合，背景のオプティカルフローは非常に小さな値となる．背景と移動物体を分けることにより，画像中に移動物体があるかどうか，どのような動きをしているかなどを判別することができる．

　オプティカルフローの計算アルゴリズムの性質から，剛体の並進運動については速度ベクトルを精度良く求めることができる．しかし，つぎのような場合には必ずしも正確なベクトルを求めることができない．

- 対象物体が変形する場合
- 物体が3次元的に動く場合（時間的に拡大率が変わる場合）
- 物体の運動に回転が伴う場合
- 物体の運動が動画像のサンプリングに対して高速な場合

　上記のような場合には，オプティカルフローだけでなく，他の手法も併用して解析を行う必要がある．

12.3.2　ロボットビジョン

　最近のロボット工学の発展は目を見張るものがある．人間の生活に役立つだけでなく，人間の仕事の一部を補うレベルになっている．ロボットの主要な要素技術として，ロボットビジョン（ロボットの目）がある．これは前述の移動物体の認識をさらに発展させたものである．ロボットビジョンの場合，必ずしも静止カメラではなく，ロボットに取り付けたCCDカメラの映像を利用するため，移動カメラに移動物体が映ることになる．

　ロボットビジョンでは，オプティカルフローだけでなく，形状解析や統計解析など，いろいろな手法を混合して利用していく必要がある．

12.3.3　顔の表情の変化の追跡

　人の表情解析を行う場合，顔の小領域がどのように動いたかを判断し，その動きを総合的に判断して表情を判定する．オプティカルフロー以外にもいろい

ろな手法が提案されているが，いずれの方法も動きベクトルを総合的に（統計的に）処理してベクトルと表情を結び付けている．

　また，表情解析の応用として，顔面麻痺のレベルを評価する方法も提案されている．表情運動の動きベクトルを求める研究は，難易度が高い．顔そのものが変形物体であり，3次元的な動きも考える必要があるためである．最近ではCCDカメラの解像度が高くなり，動画のサンプリングも速くなっているので，隣接するフレームでの移動量が小さくなっている．このことが正確なオプティカルフローを求めるために，非常に有利な材料になっている．

12.3.4　流体の動きの可視化

　オプティカルフローを利用する研究として，以前から流れの可視化なども行われている．流体も変形物体であり，また変形の仕方が複雑である．特に，渦が発生する場合などの解析に用いることが提案されているが，渦は小領域で複雑な動きをするため，画像の解像度とサンプリング間隔が短いほど良い結果が得られる．最近は高速度カメラもあるので，以前よりは解析がしやすくなっているが，難しい問題の一つであることは間違いない．流体が高速に動く場合には，オプティカルフローの算出はきわめて難しい問題の一つとなる．

13 ステレオ画像処理

 画像処理のイメージとは少し異なるが，画像の情報を用いて計測を行う重要な技術として，3次元再構成あるいはステレオ画像処理と呼ばれるものがある。画像は平面の各位置における色と明るさの情報を表したものであり，この情報をもとにして3次元の位置を計測することができる。この章では，ステレオ画像処理の基礎について説明する。

13.1 3次元画像計測の種類

 複数の画像をもとに物体の3次元の位置を計測する方法として，大きく分けて受動的計測法と能動的計測法の2種類がある。また，それぞれの計測法には，表 13.1 に示すように，よく知られているいくつかの手法がある。

表 13.1 3次元画像計測の種類

受動的計測法	能動的計測法
三角測量法	光レーダ法
ステレオ画像法	アクティブステレオ法
焦点合わせ法	照度差ステレオ法
単眼視法	等高線計測法

 受動的計測法の三角測量(triangulation)法およびステレオ画像(stereo vision)法は，同一物体を複数のカメラで撮影し，カメラから得られた画像をもとにして3次元データを計測する方法である。三角測量法とステレオ画像法は，基本的には同じ方法である。基線長と基線からの角度をもとにして距離を計測する

13.1 3次元画像計測の種類

のが三角測量法の原理であり，それを3次元に拡張したものがステレオ画像法である．

焦点合わせ法および単眼視法（monocular vision）は，一つのカメラから得られる画像をもとにして3次元データを計測する方法である．焦点合わせ法は，画像のボケ具合を最小にする焦点距離を利用して物体までの距離を計測する方法であり，カメラのオートフォーカスなどに利用されている．また，単眼視法は物体表面のテクスチャや陰影をもとにして3次元構造を推定する方法である．

能動的計測法はレンジファインダ（range finder）とも呼ばれ，パルス光やパターン光を対象物体に投影して撮影し，その画像を解析することによって3次元形状を計測する方法である．最近では，レンジファインダは，デジタルカメラなどの距離測定器（センサ）の名前としてよく知られている．

光レーダ法には，パルス光を投影して時間計測を行う方法や，変調光を投影して位相差を計測する方法がある．アクティブステレオ法では，スポット光投影，スリット光投影，パターン光投影など，いくつかの方法が提案されている．照度差ステレオ法は，画像の各画素の照度差から各点の法線ベクトルを求め，法線ベクトル情報から3次元形状を再構成する方法である．等高線計測法は，物体表面にモアレ縞あるいは干渉縞を投影し，縞の形状から3次元再構成を行う方法である．

多くの分野で3次元画像計測の応用が考えられており，例えば医用画像解析の分野では，リハビリテーションの際の運動機能の計測や，顔面神経麻痺の程度を測定する際の顔形状の計測などに用いられている．情報工学の分野では，応用例が日々増加しているといってもよい．

コーヒーブレイク

3次元画像計測を行うためには，画像情報の理解だけでなく，数学（最適化法）の理解やプログラミング能力などが必要になるため，応用を考えるよりも計測すること自体が大変な作業であった．近年，Kinectなどの画像入力装置とKinect Fusionのような強力な画像解析ライブラリの登場により，3次元画像計測そのものが容易になり，応用を考案することに多くの時間を使うことができるようになった．今後も3次元計測の技術が進み，多くの応用が現れるものと思われる．

13.2 カメラモデル

13.2.1 ピンホールカメラモデル

対象物体上の任意の点が画像上のどこに投影されるかを考えるためには，対象物，画像平面，焦点面の関係を表すカメラモデルの理解が必要となる．基本となるカメラモデルは，図 **13.1** に示すピンホールカメラモデルである．

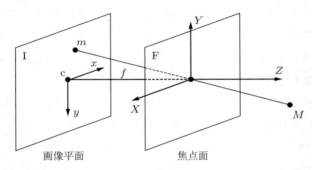

図 13.1 ピンホールカメラモデル

図に示すように，カメラの光学中心を原点とし，カメラの光軸方向を Z 軸，水平方向と垂直方向をそれぞれ X 軸，Y 軸とする．このような座標系をカメラ座標系と呼ぶ．また，画像平面内の位置を表す座標としては，カメラの光軸と画像平面が交わる点を原点とし，画像の水平方向と垂直方向をそれぞれ x 軸，y 軸とする．物体上の任意の点 $M(X, Y, Z)$ を画像平面の点 $m(x, y)$ に投影するときの関係式は，次式で表現することができる．

$$x = f \frac{X}{Z} \tag{13.1}$$

$$y = f \frac{Y}{Z} \tag{13.2}$$

ここで，f は焦点距離（焦点面と画像平面の距離）を表す．注意すべき点としては，カメラ座標系と画像座標系の水平方向・垂直方向の正の向きが逆になっていることである．

ピンホールカメラモデルは簡易モデルであり，対象物上の点と画像上の点が反対側（原点対称）になるという欠点がある。

13.2.2 画像解析におけるカメラモデル

画像解析を行うために，ピンホールカメラモデルの欠点を補ったカメラモデルが考えられている。**図 13.2** に示すように，このモデルは焦点面の後ろにある画像平面を焦点面の前に持ってきても数学的表現が同じになることを利用している。図からわかるように，カメラ座標系と画像座標系の水平・垂直方向の正の向きが一致している。そのような理由から，仮想の画像平面をレンズ中心の前に置いたピンホールカメラモデルが一般的に用いられている。

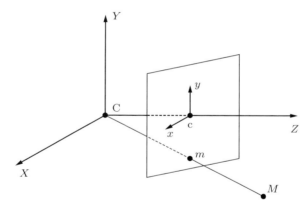

図 13.2 仮想平面によるピンホールカメラモデル

13.2.3 画像の投影法

カメラモデルのつぎに考えなければならないのは，投影法である。投影法には，透視投影（perspective projection）と正射影（orthogonal projection）の2種類がある。透視投影は 13.2.1 項で示した数式によって 3 次元空間の点を画像平面に投影する方法である。この方法は実際の投影に使われたとき，焦点距離 f の値が短すぎると対象物が歪んで実際の形状と異なって見える。

正射影は焦点距離を無限大とした場合の投影方法である。実際の物体と画像平面におけるスケールの違いも考慮して，つぎのように表現することができる。式中の k はスケール変換の値を表す。

$$x = kX \tag{13.3}$$
$$y = kY \tag{13.4}$$

実際には，デジタルカメラあるいは CCD カメラで撮影した画像を解析することになるので，焦点距離 f の値は規格により決められている。

13.3　座標間の幾何学的関係

3 次元空間の位置を表す座標系は，空間中の適当な位置に原点および X, Y, Z 軸を定めたワールド座標系（世界座標系）を用いる。ワールド座標系の例を図 **13.3** に示す。図のように，カメラ，物体，部屋に，別々の座標系を用いている。部屋の角に示した座標が，ワールド座標系になる。

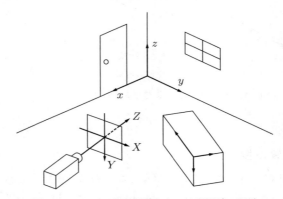

図 **13.3**　ワールド座標系とカメラ座標系の関係

いま，ワールド座標系で表された空間内の位置を $\boldsymbol{x}_w = (X_w, Y_w, Z_w)$，カメラ座標系で表された位置を $\boldsymbol{x} = (X, Y, Z)$ とする。図 **13.4** に示すように，ワー

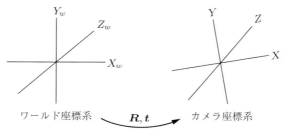

図 **13.4** ワールド座標からカメラ座標への変換

ルド座標からカメラ座標への変換は，回転行列と並進ベクトルによって，つぎのように表すことができる．

$$\boldsymbol{x} = \begin{bmatrix} X \\ Y \\ Z \end{bmatrix}, \quad \boldsymbol{X}_w = \begin{bmatrix} X_w \\ Y_w \\ Z_w \end{bmatrix} \tag{13.5}$$

$$\boldsymbol{x} = \boldsymbol{R}\boldsymbol{X}_w + \boldsymbol{t} \tag{13.6}$$

上式で，$\boldsymbol{R}, \boldsymbol{t}$ は，それぞれつぎに示すような 3×3 の回転行列と 3 次元の平行移動ベクトルを表す．

$$\boldsymbol{R} = \begin{bmatrix} r_{11} & r_{12} & r_{13} \\ r_{21} & r_{22} & r_{23} \\ r_{31} & r_{32} & r_{33} \end{bmatrix}, \quad \boldsymbol{t} = \begin{bmatrix} t_1 \\ t_2 \\ t_3 \end{bmatrix} \tag{13.7}$$

上記の表現では，回転と並進で異なる演算を行うことになる．回転・並進両方を同じ行列演算で表現する方法として，同時座標を用いる方法がある．この場合，3 次元の行列を 1 次元増やして，次式のように 4 次元行列で表現することになる．

$$\begin{bmatrix} X \\ Y \\ Z \\ 1 \end{bmatrix} = \begin{bmatrix} \boldsymbol{R} & \boldsymbol{t} \\ \boldsymbol{0}^T & 1 \end{bmatrix} \begin{bmatrix} X_w \\ Y_w \\ Z_w \\ 1 \end{bmatrix} = \begin{bmatrix} r_{11} & r_{12} & r_{13} & t_1 \\ r_{21} & r_{22} & r_{23} & t_2 \\ r_{31} & r_{32} & r_{33} & t_3 \\ 0 & 0 & 0 & 1 \end{bmatrix} \begin{bmatrix} X_w \\ Y_w \\ Z_w \\ 1 \end{bmatrix} \tag{13.8}$$

また，画像中の位置は，原点を画像中の適当な位置（中心位置など）に定め，長さの単位としては画素（pixel）を用いる。画素を単位とする画像座標 (u,v) を焦点距離 f で正規化した座標系を正規化画像座標（正規化カメラ座標）という。水平方向と垂直方向の画素間距離を δ_u, δ_v とするとき，画像座標と正規化画像座標には，つぎの関係が成り立つ。

$$x = \frac{\delta_u(u-c_u)}{f} \tag{13.9}$$

$$y = \frac{\delta_v(v-c_v)}{f} \tag{13.10}$$

$$u = \frac{f}{\delta_u}x + c_u \tag{13.11}$$

$$v = \frac{f}{\delta_v}y + c_v \tag{13.12}$$

上式で，c_u, c_v は横方向と縦方向の画素の物理的な間隔を表す。

$$\tilde{\boldsymbol{x}} = \begin{bmatrix} x \\ y \\ 1 \end{bmatrix}, \; \tilde{\boldsymbol{m}} = \begin{bmatrix} u \\ v \\ 1 \end{bmatrix}, \; \tilde{\boldsymbol{X}} = \begin{bmatrix} X \\ Y \\ Z \\ 1 \end{bmatrix}, \; \tilde{\boldsymbol{X}}_w = \begin{bmatrix} X_w \\ Y_w \\ Z_w \\ 1 \end{bmatrix} \tag{13.13}$$

上記の画像座標と正規化画像座標の関係は，つぎのようになる。

$$\tilde{\boldsymbol{m}} \sim \boldsymbol{A}\tilde{\boldsymbol{x}} \tag{13.14}$$

行列 $\boldsymbol{A}$ は次式で示されるカメラの内部パラメータからなる行列である。

$$\boldsymbol{A} = \begin{bmatrix} f/\delta_u & 0 & c_u \\ 0 & f/\delta_v & c_v \\ 0 & 0 & 1 \end{bmatrix} \tag{13.15}$$

以上より，ワールド座標と画像座標の関係はつぎのように表すことができる。

$$\tilde{\boldsymbol{m}} \sim \boldsymbol{P}\tilde{\boldsymbol{X}}_w \tag{13.16}$$

ここで

$$P = \begin{bmatrix} A & 0 \end{bmatrix} \begin{bmatrix} R & t \\ 0^T & 1 \end{bmatrix} \tag{13.17}$$

$$= \begin{bmatrix} f/\delta_u & 0 & c_u & 0 \\ 0 & f/\delta_v & c_v & 0 \\ 0 & 0 & 1 & 0 \end{bmatrix} \begin{bmatrix} r_{11} & r_{12} & r_{13} & t_1 \\ r_{21} & r_{22} & r_{23} & t_2 \\ r_{31} & r_{32} & r_{33} & t_3 \\ 0 & 0 & 0 & 1 \end{bmatrix} \tag{13.18}$$

である．また，ワールド座標系とカメラ座標系の関係はつぎのようになる．

$$\tilde{X} \sim M\tilde{X}_w \tag{13.19}$$

$$M = \begin{bmatrix} R & t \\ 0 & 1 \end{bmatrix}$$

行列 P のことを透視投影行列または射影カメラ行列と呼んでいる．任意のワールド座標と画像座標は上記のように記述することができる．

13.4 空間位置の計測

前節において，1台のカメラにおけるカメラ座標とワールド座標との関係が定式化された．ワールド座標における任意の1点を複数台のカメラで撮影すると，異なるカメラ座標を得ることができる．この操作を逆に考えて，複数のカメラ座標から，ワールド座標における任意の点を計測することができる．この操作を行うとき，最初に空間上の既知の点を基準として，カメラパラメータを決定しておく必要がある．この処理のことをカメラキャリブレーションという．

透視投影行列 P をつぎのようにおく．

$$P = \begin{bmatrix} p_{11} & p_{12} & p_{13} & p_{14} \\ p_{21} & p_{22} & p_{23} & p_{24} \\ p_{31} & p_{32} & p_{33} & p_{34} \end{bmatrix} \tag{13.20}$$

このとき，ワールド座標における点 $\tilde{X}_w$ と画像座標の点 $\tilde{m}_w$ の関係は，つ

ぎのようになる。

$$\tilde{m}_w = P\tilde{X}_w \tag{13.21}$$

上式で得られる三つの連立方程式について，第1式と第2式を第3式で正規化することにより，画像座標 (u, v) を求めることができる。

$$u = \frac{p_{11}X_w + p_{12}Y_w + p_{13}Z_w + p_{14}}{p_{31}X_w + p_{32}Y_w + p_{33}Z_w + p_{34}} \tag{13.22}$$

$$v = \frac{p_{21}X_w + p_{22}Y_w + p_{23}Z_w + p_{24}}{p_{31}X_w + p_{32}Y_w + p_{33}Z_w + p_{34}} \tag{13.23}$$

求めたいパラメータの数は 11 個なので，最低 6 個の位置座標に対して関係式が得られれば，パラメータを決定することができる。その場合，連立方程式はつぎのようになる。このとき，行列 P の定数倍の不定性を補正するために，$p_{34} = 1$ として式の変形を行っている。ここで，m_i は画像座標中の参照点を表す。この式は未知変数の数と方程式の数が一致しないので，最小2乗法などを用いて解くことになる。

$$\begin{bmatrix} \tilde{X}_{w1}^T & 0^T & -u_1 X_{w1}^T \\ 0^T & \tilde{X}_{w1}^T & -v_1 X_{w1}^T \\ \tilde{X}_{w2}^T & 0^T & -u_2 X_{w2}^T \\ 0^T & \tilde{X}_{w2}^T & -v_2 X_{w2}^T \\ & \vdots & \end{bmatrix} \begin{bmatrix} p_{11} \\ p_{12} \\ p_{13} \\ \vdots \\ p_{31} \\ p_{32} \\ p_{33} \end{bmatrix} = \begin{bmatrix} m_1 \\ m_2 \\ \vdots \end{bmatrix} \tag{13.24}$$

上式をもう少しまとめると，つぎのように表すことができる。

$$Bp = q \tag{13.25}$$

最小2乗法を用いて p を求める式は，つぎのように表現できる。

$$p = (B^T B)^{-1} B^T q \tag{13.26}$$

13.5 ステレオビジョン

ここでは，2台のカメラを用いた空間位置の計測方法について説明することにする．図 **13.5** に示すように，空間上の既知の点を (X,Y,Z)，それぞれのカメラの画像座標を (u,v)，(u',v') とするとき，空間上の位置と画像座標の間には，つぎの関係が成り立つ．

$$\tilde{m} = P\tilde{X} \tag{13.27}$$

$$\tilde{m}' = P'\tilde{X} \tag{13.28}$$

上式で，$\tilde{m}, \tilde{m}'$ はそれぞれのカメラの画像座標ベクトル，$\tilde{X}$ は空間の位置ベクトル，P, P' はそれぞれのカメラの透視投影行列を表す．

$$\tilde{m} = \begin{bmatrix} u \\ v \\ 1 \end{bmatrix}, \quad \tilde{m}' = \begin{bmatrix} u' \\ v' \\ 1 \end{bmatrix}, \quad \tilde{X} = \begin{bmatrix} X \\ Y \\ Z \\ 1 \end{bmatrix} \tag{13.29}$$

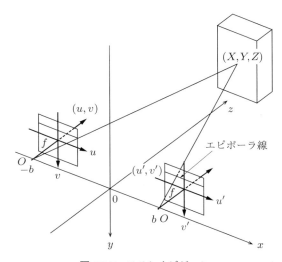

図 **13.5** ステレオビジョン

$$\boldsymbol{P} = \begin{bmatrix} p_{11} & p_{12} & p_{13} & p_{14} \\ p_{21} & p_{22} & p_{23} & p_{24} \\ p_{31} & p_{32} & p_{33} & p_{34} \end{bmatrix}, \quad \boldsymbol{P'} = \begin{bmatrix} p'_{11} & p'_{12} & p'_{13} & p'_{14} \\ p'_{21} & p'_{22} & p'_{23} & p'_{24} \\ p'_{31} & p'_{32} & p'_{33} & p'_{34} \end{bmatrix} \quad (13.30)$$

得られる三つの連立方程式から，カメラキャリブレーションを行うときと同様に，次式で画像座標 (u,v) を求めることができる．

$$u = \frac{p_{11}X + p_{12}Y + p_{13}Z + p_{14}}{p_{31}X + p_{32}Y + p_{33}Z + p_{34}} \tag{13.31}$$

$$v = \frac{p_{21}X + p_{22}Y + p_{23}Z + p_{24}}{p_{31}X + p_{32}Y + p_{33}Z + p_{34}} \tag{13.32}$$

画像座標 (u',v') も同様の式で表現できる．空間の点の座標 (X,Y,Z) を未知数と考えて，これら四つの式をまとめ直すと，つぎのようになる．

$$\begin{bmatrix} p_{31}u - p_{11} & p_{32}u - p_{12} & p_{33}u - p_{13} \\ p_{31}v - p_{21} & p_{32}v - p_{22} & p_{33}v - p_{23} \\ p'_{31}u' - p'_{11} & p'_{32}u' - p'_{12} & p'_{33}u' - p'_{13} \\ p'_{31}v' - p'_{21} & p'_{32}v' - p'_{22} & p'_{33}v' - p'_{23} \end{bmatrix} \begin{bmatrix} X \\ Y \\ Z \end{bmatrix} = \begin{bmatrix} p_{14} - p_{34}u \\ p_{24} - p_{34}v \\ p'_{14} - p'_{34}u' \\ p'_{24} - p'_{34}v' \end{bmatrix} \tag{13.33}$$

上記は，カメラの内部パラメータやカメラ間の位置のパラメータが任意の場合に，空間上の位置を計測するための計算方法である．最近では，内部パラメータが等しいステレオカメラを用いた計測が一般的となっている．特に 2 台のカメラを

(1) 互いの光軸が平行

(2) u 軸と u' 軸が同一直線上で同じ向き

になるように設置したものを，平行ステレオカメラと呼んでいる[†]．上記の仮定は，先に示したカメラパラメータをつぎのように設定することに相当する．

[†] ここでは，二つのカメラの視差を利用した 3 次元の位置計測手法を平行ステレオカメラと呼んでいるが，両眼立体視あるいは 2 眼ステレオ視などと呼ばれることもある．研究分野により主流となる呼び名が異なっているようである．

$$A = A' = \begin{bmatrix} f & 0 & 0 \\ 0 & f & 0 \\ 0 & 0 & 1 \end{bmatrix} \qquad (13.34)$$

$$R = I \qquad (13.35)$$

$$t = \begin{bmatrix} -b \\ 0 \\ 0 \end{bmatrix} \qquad (13.36)$$

上式で,f はカメラの焦点距離,b は 2 台のカメラの基線長(カメラ間距離)を表す。平行ステレオカメラでは,3 次元空間の任意の位置 (X, Y, Z) は,二つのカメラの画像座標における対応点 $(u, v), (u', v')$ を用いて,つぎのように計算することができる。

$$X = \frac{bu}{u - u'} \qquad (13.37)$$

$$Y = \frac{bv}{u - u'} \qquad (13.38)$$

$$Z = \frac{bf}{u - u'} \qquad (13.39)$$

ここで注意しなければならないことは,$f, b, (u, v), (u', v')$ の単位を共通にしておくことである。すべてを画素値で表すか,実際の長さ(mm など)で表すかを選ぶことになり,いずれにしてもハードウェアの情報が必要となる。

14 画像超解像

コンピュータの処理能力だけでなく，CCD カメラやデジタルカメラ，表示するディスプレイの技術が進化し続けている。そのため，以前の CCD カメラで撮影した画像を最新のディスプレイで表示すると，小さなウィンドウでの表示になってしまい，画像を拡大する際に，元の画像になかった画素を埋める作業が必要となることがある。その際に，単純に拡大しただけでは，見た目がギザギザの画像ができてしまう。そこで必要なのが，画像を滑らかに拡大する超解像の技術である。

14.1 単純拡大

最も簡単な画像の拡大方法は，最近傍（nearest-neighbor）法を用いた単純拡大法である。画像を拡大するとき，図 14.1 に示すように原画像の各画素の間に新たな画素を挿入する。

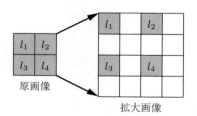

図 14.1 画素の挿入による原画像の拡大

挿入された画素の輝度値として，図 **14.2** に示すように近隣の画素の値をそのままコピーする．アルゴリズムとしてきわめて単純でわかりやすい拡大法であるが，拡大後にブロックノイズ（ブロック画素境界のギザギザ）が現れてしまう．図 **14.3** に最近傍法を用いた画像拡大の例を示す．原画像は 128×128 画素の画像であり，拡大後は 256×256 画素の画像になっている．拡大画像にギザギザが見えている．

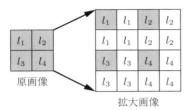

図 **14.2** 最近傍法による輝度値の決定

図 **14.3** 最近傍法による画像の拡大

14.2 線形補間

最近傍法よりも多少良い画像拡大方法として，双線形補間（バイリニア補間）がある．双線形補間は x 方向と y 方向の両方に対して内分を求める方法なので，まず線分の内分点を求める方法について示す．図 **14.4** に示すように，点

14. 画像超解像

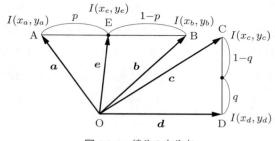

図 14.4　線分の内分点

A, B の位置ベクトルを $\bm{a}$, $\bm{b}$ とする。また，線分 AB を $p:1-p$ で内分する点を E とすると，点 E の位置ベクトルは次式で表現できる。

$$\bm{e} = \bm{a} + p(\bm{b} - \bm{a}) = (1-p)\bm{a} + p\bm{b} \tag{14.1}$$

点 A および点 B の位置情報だけでなく，各点に濃度 $I(x_a, y_a)$，$I(x_b, y_b)$ のような情報がある場合，内分点の濃度情報 $I(x_e, y_e)$ も同じ式で表現することができる。

$$I(x_e, y_e) = (1-p)I(x_a, y_a) + pI(x_b, y_b) \tag{14.2}$$

ベクトル表現の場合には，水平方向，垂直方向などの情報は特に必要ないが，2 次元への拡張を考慮して，図 14.4 のように水平方向，垂直方向に分けて行列表現すると，次式のようになる。

$$I(x_e, y_e) = \begin{bmatrix} I(x_a, y_a) & I(x_b, y_b) \end{bmatrix} \begin{bmatrix} 1-p \\ p \end{bmatrix} \tag{14.3}$$

$$I(x_f, y_f) = \begin{bmatrix} 1-q & q \end{bmatrix} \begin{bmatrix} I(x_c, y_c) \\ I(x_d, y_d) \end{bmatrix} \tag{14.4}$$

2 次元のディジタル画像で内分点の補間を行うためには，補間点の位置とその点の輝度値情報の両方が必要になる。水平方向，垂直方向の位置を m, n とするときの画素の輝度値を $I(m, n)$ として画像の拡大を考える。画像を拡大する場合，画像の縦横比を変えない場合が多いので，ここでは画像の幅と高さをそ

れぞれ k 倍してその間を補間することを考える。拡大した画像の座標を (i, j)，原画像の対応する座標を (x, y) とすると，つぎの関係が成り立つ。

$$\begin{bmatrix} i \\ j \end{bmatrix} = k \begin{bmatrix} x \\ y \end{bmatrix} \tag{14.5}$$

画像を k 倍に拡大したとき，原画像において隣接する点 (x, y)，$(x+1, y)$，$(x, y+1)$，$(x+1, y+1)$ は，**図 14.5** に示すように，点 (m, n)，$(m+k, n)$，$(m, n+k)$，$(m+k, n+k)$ になる。

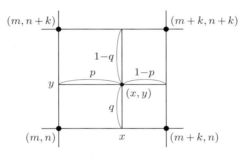

図 14.5 隣接点による補間

画像拡大後の内分点 (x, y) における輝度値 $I(x, y)$ は，次式によって求めることができる。

$$\begin{aligned} I(x, y) &= \begin{bmatrix} 1-q & q \end{bmatrix} \begin{bmatrix} I(m, n+1) & I(m+1, n+1) \\ I(m, n) & I(m+1, n) \end{bmatrix} \begin{bmatrix} 1-p \\ p \end{bmatrix} \\ &= (1-p)(1-q)I(m, n) + (1-p)qI(m, n+1) \\ &\quad + p(1-q)I(m+1, n) + pqI(m+1, n+1) \end{aligned} \tag{14.6}$$

上式で (x, y) は任意の内分点であるが，拡大後の画像もディジタル画像なので，(x, y) の位置はつぎの条件を満たす整数値のみとなる。

$$m \leqq x < m+k, \quad n \leqq y < n+k \tag{14.7}$$

実際に画像を拡大する場合，水平垂直方向を同じ倍率とし，2^n 倍にすることが多い。画像を水平垂直にそれぞれ 2 倍する場合，注目画素の周辺画素の平均

値をとることになる。図 14.6 に線形補間による画像の拡大例を示す。線形補間によって，最近傍法の場合のようなギザギザはなくなっているが，画像全体にボケが生じている。

図 14.6　線形補間による画像の拡大

14.3　FCBI 方式

　線形補間による拡大は，単純拡大に比べてギザギザがなくなるという利点はあるが，画像全体がぼけてエッジが弱くなる印象がある。画像のエッジ成分を考慮した超解像として，FCBI（fast curvature based interpolation）という方法がある。線形補間では，拡大により増加した画素の値を，既知の画素値を用いて線形補間した。FCBI は，まず周辺画素をチェックして，その部分がエッジかどうかを推定し，エッジへの影響を最小限に留めた補間を行う方法である。

Step 1：　画素の挿入による原画像の配置

　　まず，図 14.7 に示すように，原画像の各画素間に輝度値の決定していない画素を挿入することにより，原画像の画素を等間隔に配置する。

Step 2：　斜め方向からの画素値の決定

　　ここでは，図 14.8 に示すように，輝度値を持った四つの画素の中央を注目画素とし，斜め方向からの演算によりこの画素の輝度値を決定する。まず，この注目画素が原画像のエッジの点であるか否かを判定する。エッ

14.3 FCBI 方式

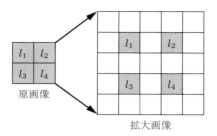

図 14.7 拡大画像の作成

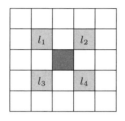

図 14.8 FCBI におけるエッジの判定。中央が注目画素。

ジの判定について，図 14.8 の注目画素の周囲 4 画素 l_i $(i=1,2,3,4)$ を用いて，つぎの四つの値 V_1, V_2, p_1, p_2 を定義する。

$$V_1 = |l_1 - l_4| \tag{14.8}$$

$$V_2 = |l_2 - l_3| \tag{14.9}$$

$$p_1 = \frac{l_1 + l_4}{2} \tag{14.10}$$

$$p_2 = \frac{l_2 + l_3}{2} \tag{14.11}$$

V_1, V_2, p_1, p_2 の値によって，つぎのようにエッジを判定する。

$$\begin{cases} V_1 < \theta \text{ かつ } V_2 < \theta \text{ かつ } |p_1 - p_2| < \theta & \text{エッジではない} \\ 上記以外 & \text{エッジ上の点} \end{cases} \tag{14.12}$$

上式で θ は閾値を表す。この閾値の値によってエッジ判定の結果が変わる。すべての画像に適した閾値は存在しないので，扱っている画像に対して経験的に閾値を決めることになる。注目画素がエッジ上の点であると判定された場合，V_1, V_2 の大小関係によって輝度値をつぎのように設

定する．

$$\begin{cases} V_1 < V_2 & \text{注目画素の値を } p_1 \text{ とする} \\ V_1 \geqq V_2 & \text{注目画素の値を } p_2 \text{ とする} \end{cases} \quad (14.13)$$

この処理で注目画素がエッジ上の点ではないと判定された場合には，つぎの処理を行う．

Step 3： エッジではない場合の処理

注目画素がエッジ上の点かどうかを判定するときは 3×3 画素の領域について考えたが，エッジ上にない場合にはもう少し広く 7×7 画素（49 画素）の領域について考えて，p_1, p_2 のいずれの値に設定するかを決定する．この領域に 7×7 のフィルタを作用させる．フィルタの値は，**図 14.9** に示すように，0, 1, -3 の 3 値である．数値の入っていない部分は，すべて 0 が割り当てられている．設定値の判定のために，h_1 フィルタと h_2 フィルタの 2 種類を用いる．h_1 フィルタにより演算を行ったときの計算値を H_1，h_2 フィルタによる計算値を H_2 として，H_1 と H_2 の大小関係によって輝度値をつぎのように決定する．

$$\begin{cases} H_1 < H_2 & \text{注目画素の値を } p_1 \text{ とする} \\ H_1 \geqq H_2 & \text{注目画素の値を } p_2 \text{ とする} \end{cases} \quad (14.14)$$

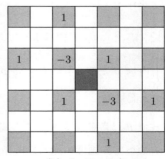

(a) h_1 フィルタ　　　(b) h_2 フィルタ

図 14.9 エッジ方向判定のためのフィルタ

Step 4: 水平・垂直方向からの輝度値の決定

Step 2 が終了した段階で,図 **14.10** の影つきの画素で示すように,対角方向の画素値はすべて決定している。つぎに,まだ輝度値の決まっていない画素値を,水平・垂直方向の演算を行うことによって決定する。いま,図中の中央を注目画素とする。注目画素の 4 近傍について l_1, l_2, l_3, l_4 の値を用いてつぎの演算を行う。

$$V_1 = |l_1 - l_4| \tag{14.15}$$

$$V_2 = |l_2 - l_3| \tag{14.16}$$

$$p_1 = \frac{l_1 + l_4}{2} \tag{14.17}$$

$$p_2 = \frac{l_2 + l_3}{2} \tag{14.18}$$

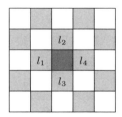

図 **14.10**　注目画素の変更

斜め方向に対して行った演算と同様に,V_1, V_2, p_1, p_2 の値によって,つぎのようにエッジを判定する。

$$\begin{cases} V_1 < \theta \text{ かつ } V_2 < \theta \text{ かつ } |p_1 - p_2| < \theta & \text{エッジではない} \\ \text{上記以外} & \text{エッジ上の点} \end{cases} \tag{14.19}$$

注目画素がエッジ上の点であると判定された場合,V_1, V_2 の大小関係によって輝度値をつぎのように設定する。

$$\begin{cases} V_1 < V_2 & \text{注目画素の値を } p_1 \text{ とする} \\ V_1 \geqq V_2 & \text{注目画素の値を } p_2 \text{ とする} \end{cases} \tag{14.20}$$

水平・垂直方向の処理についても，注目画素がエッジ上にない場合には少し広く 5×3 画素および 3×5 画素（15 画素）の領域について考えて，p_1, p_2 のいずれの値に設定するかを決定する。フィルタの値は，図 **14.11** に示すように，0, 1, −3 の 3 値である。数値の入っていない部分はすべて 0 が割り当てられている。設定値の判定のために h_1 フィルタと h_2 フィルタの 2 種類を用いる。h_1 フィルタにより演算を行ったときの計算値を H_1，h_2 フィルタによる計算値を H_2 として，H_1 と H_2 の大小関係によって輝度値をつぎのように決定する．

$$\begin{cases} H_1 < H_2 & \text{注目画素の値を } p_1 \text{とする} \\ H_1 \geqq H_2 & \text{注目画素の値を } p_2 \text{とする} \end{cases} \tag{14.21}$$

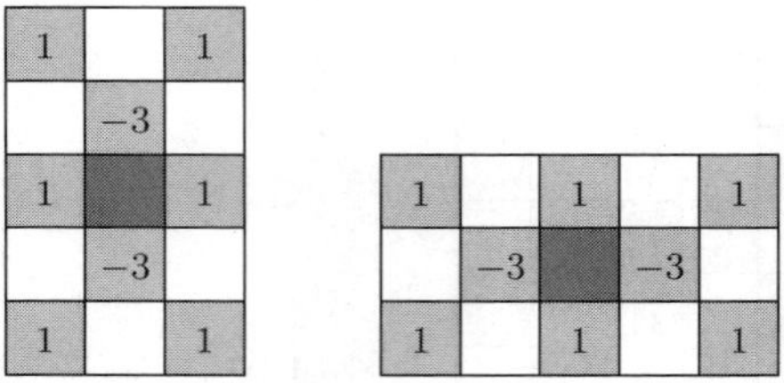

(a)　h_1 フィルタ　　(b)　h_2 フィルタ

図 **14.11**　エッジ方向を判定するためのフィルタ

図 **14.12**　FCBI による画像の拡大

図 14.12 に FCBI による画像の拡大例を示す。FCBI を用いることで線形補間のときのようなボケが少なくなっている。

14.4 厳密な意味での超解像

前節までで，画像の拡大方法とボケの少ない拡大方法について説明を行った。それでは，拡大と超解像の違いは何なのかについて考えてみることにする。再構成方式，データベース方式，エンハンサ方式など，超解像と呼ばれている画像処理方法が多く存在している。これらの方式では，見た目は良くなっているものの，高周波成分が必ずしも増えていないため，解像度が上がったとはいいにくい状況になっている。

ここでは，もともとの画像のナイキスト周波数よりも高い周波数成分を増加させる技術を超解像ということにする。ナイキスト周波数を超えた成分を増やすという観点から作られたアルゴリズムも提案されている。これは非線形超解像と呼ばれている方法で，図 14.13 に示すダイヤグラムのような処理を行う。こ

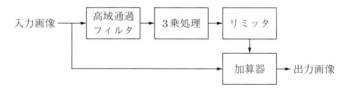

図 14.13 非線形超解像のブロックダイヤグラム

コーヒーブレイク

画素を穴埋めするディジタルフィルタ

画像の内挿処理を行うディジタルフィルタとして，バイリニアフィルタ，ランチョスフィルタ，バイキュービックフィルタなどがよく用いられている。特に，雑音除去とエッジ強調を両立させているバイラテラルフィルタは，優れたフィルタであるが，最大の弱点は，計算量が多いため高速化が難しいという点である。

の処理は，エンハンサのブロックダイヤグラムに3乗処理を加えたものになっている．高域通過フィルタ通過後に3乗処理を行うことによって，ナイキスト周波数を超えた高調波成分を作り出している．

14.5　超解像の画像縮小

　超解像というと画像拡大のイメージが強いが，画像縮小の際にも超解像の考え方が使われる．画像縮小は簡単な処理だと思われがちだが，画素を単純に間引くと，間引く順番によって得られる画像が異なってしまう．ボケた画像であれば，単純に間引くだけでも同質の画像を得ることができるが，最近の画像は高品位のものが多いため，処理方法を工夫しなければならない．

ポイント1：　高解像度の画像を縮小する場合，まず低域通過フィルタを用いて画像をぼかしたあとで，間引きを行う．そのまま解像度を低くすると，高解像度の画像に含まれる高調波成分は間引きを行ったあとで表示することができず，雑音と同じように振る舞うことになる．低域通過フィルタを用いることで，不要な高調波成分を除去し，違和感のない低解像度の画像を作ることができる．

ポイント2：　原画像のサイズが $2m \times 2n$ 画素の場合，画素を間引いて $m \times n$ 画素の画像を作ることは容易である．しかし，$3m \times 3n$ 画素の画像から $m \times n$ 画素の画像を作るとき，単純に間引くだけではうまくいかない．このような場合，元の画像と目標画像の最小公倍数の $6m \times 6n$ 画素の画像を作り，低域通過フィルタで処理してから画素を間引く．

　パソコンのソフトウェアで画像を縮小すると，特別な処理を行わなくてもきれいな縮小画像が表示される．これは，OS（operating system）あるいはソフトウェアで低域通過フィルタ処理が行われているためである．

14.6 超解像の応用

簡単にいえば，超解像は画像のサイズを大きくする技術である。この技術を使うことによって，つぎのような応用が可能になる。

1. ドローンやマルチコプタが搭載する安価な CCD カメラの解像度を改善する。
2. 大きなポスターを精細に印刷する。
3. 高解像度の画像を送ることができない衛星からの電波送信において，衛星画像などの解像度を改善する。
4. 低解像度の画像を解像度の高いディスプレイで表示する。
5. 光学倍率を超えた超望遠ズームを行う。

上記以外にも多くの応用が考えられる。特に，最近では 4K・8K ディスプレイなどハードウェアの発展が目覚ましいため，過去に撮影された低解像度の画像を拡大して表示するニーズが高まってきており，超解像はますます注目されると思われる。

引用・参考文献

1) 高木幹雄，下田陽久：新編 画像解析ハンドブック，東京大学出版会 (2004)
2) CG-ARTS 協会 編：ディジタル画像処理，CG-ARTS 協会 (2006)
3) AI/VR 基礎固め —— 新・画像処理 101，インターフェース 2017 年 5 月号，CQ 出版 (2017)
4) 浅野 晃，浅野（村木）千恵，木森義隆，棟安実治，延原 肇，藤尾光彦：非線形画像・信号処理 —— モルフォロジの基礎と応用，丸善 (2010)
5) 田中和之：確率モデルによる画像処理技術入門，森北出版 (2006)
6) C. K. Chui 著，桜井 明，新井 勉 訳：数理科学 —— ウェーブレット入門，東京電機大学出版局 (1993)
7) 立体視テクノロジー —— 次世代立体表示技術の最前線，エヌ・ティー・エス (2008)
8) 三池秀敏，古賀和利 編著：パソコンによる動画像処理，森北出版 (1993)
9) 4K 時代の画像処理！超解像アルゴリズム，インターフェース 2015 年 6 月号，CQ 出版 (2015)
10) 徐 剛：写真から作る 3 次元 CG —— イメージ・ベースド・モデリング&レンダリング，近代科学社 (2001)
11) 英保 茂：医用画像処理，朝倉書店 (1992)
12) C. Kak 著，長尾 真 監訳：ディジタル画像処理，近代科学社 (1978)
13) L. da F. Costa, R. M. Cesar Jr.: Shape Classification and Analysis Theory and Practice, CRC Press (2001)
14) C. M. Bishop 著，元田 浩ほか 監訳：パターン認識と機械学習（上/下），シュプリンガー・ジャパン (2007/2008)
15) N. Cristianini, J. Shawe-Taylor 著，大北 剛 訳：サポートベクターマシン入門，共立出版 (2005)
16) 石井健一郎，上田修功，前田英作，村瀬 洋：わかりやすいパターン認識，オーム社 (1998)
17) A. V. Oppenheim, R. W. Schafer 著，伊達 玄 訳：ディジタル信号処理（上），コロナ社 (1978)

索引

【あ】
アクティブステレオ法　165
圧縮形式　11
アフィン変換　23
アンシャープマスキング　47

【い】
位相限定相関関数　148
位相限定相関法　147
移動平均フィルタ　33
移動平均法　84
色温度　2
因子負荷量　124
インターレース方式　10
インパルス性雑音　36

【う】
ウェーブレット変換　63

【お】
大津の2値化法　81
オプティカルフロー　154
オプティカルフロー速度　156
オープニング　87

【か】
階層的クラスタリング　127
回転変換　25
ガウシアンピラミッド　60
ガウシアンフィルタ　34
拡大縮小処理　24
加重メディアンフィルタ　37
画素　13

【か】
カーネルトリック　142
カメラキャリブレーション　171
カメラ座標系　166
ガンマ補正　20

【き】
輝度反転処理　18
キャニーフィルタ　44
寄与率　123
均等色空間　7

【く】
空間的局所最適化法　157
空間的大域最適化法　157
クラスタ分析　126
グラディエント法　156
グラフカット　96
グラブカット　98
グレースケール画像　15
グローカット　101
クロージング　88
群平均法　129

【け】
形状特徴量　104
顕色系　2

【こ】
高次局所自己相関特徴　114
高速フーリエ変換　51
誤差逆伝搬法　133
混色系　2
コントラスト伸長　22

【さ】
最近傍補間　28
最短距離法　127
最長距離法　128
サブピクセル　149
サポートベクトルマシン　135
三角測量法　164

【し】
時間的局所最適化法　158
時間間引き型FFT　51
重回帰式　119
重回帰分析　119
収縮処理　86
重心法　129
主成分得点　122
主成分分析　121
受動的計測法　164
深層学習　134

【す】
スケーリング関数　68
ステップワイズ法　120
ステレオ画像処理　164
ステレオビジョン　173

【せ】
正規化画像座標　170
鮮鋭化フィルタ　46
せん断変換　26

【そ】
相違度　156

双線形補間	177	バイラテラルフィルタ	35	**【も】**	
双1次補間	29	パーセプトロン	131	モード法	79
双3次補間	30	バタワースフィルタ	57	モーメント特徴	106
双6角錐モデル	5	ハフ変換	89	モルフォロジー演算	86
ソフトマージン	140	パワースペクトル	49		
ソーベルフィルタ	42	反転変換	27	**【や】**	
		判別分析	125	山登り法	158
【た】		**【ひ】**		**【ら】**	
対数極座標変換	153	非圧縮 BMP	11		
畳み込みニューラル		ピクセル	13	ラスタスキャン方式	9
ネットワーク	134	ピーク評価式	150	ラプラシアンピラミッド	61
単回帰分析	119	ヒストグラム平坦化	23	ラプラシアンフィルタ	43
短時間フーリエ変換	62	ビット反転	54	ラベリング	85
単純拡大法	176	微分フィルタ	39	ランクオーダフィルタ	38
		表情解析	163	ランレングス行列法	112
【ち】		表色系	3		
超解像	176	ピンホールカメラモデル	166	**【り】**	
直交ウェーブレット	67			理想フィルタ	57
		【ふ】		リフレッシュレート	10
【て】		部分画像分割法	84	領域拡張法	102
テクスチャ特徴量	107	プリューウィットフィルタ	41		
		プログレッシブ方式	10	**【る】**	
【と】		ブロックノイズ	177	類似度	156
同時座標	169	ブロックマッチング法	154	累積寄与率	124
同時生起行列法	109				
動的閾値決定法	83	**【へ】**		**【れ】**	
		平行移動	25	レベルセット法	94
【な】		偏回帰係数	119	レンジファインダ	165
流れの可視化	163			連続ウェーブレット	64
		【ほ】			
【に】		膨張処理	86	**【ろ】**	
ニューラルネットワーク	131	ポスタリゼーション	19	ロボットビジョン	162
【の】		**【ま】**		**【わ】**	
能動的計測法	164	マザーウェーブレット	64	ワールド座標系	168
濃度画像	15	マハラノビスの汎距離	125		
濃度ヒストグラム	21				
濃度ヒストグラム法	107	**【め】**			
		メディアンフィルタ	36		
【は】		メディアン法	128		
バイアス調整	19				

索引

【C】
CMY 表色系   8
CMYK 表色系   9
Coiflet ウェーブレット   69

【D】
Daubechies ウェーブレット   69

【F】
F 検定   116
FCBI 方式   180

【H】
Haar ウェーブレット   69
HLAC   114
HSI 表色系   3

【J】
JPEG   12

【K】
k-means 法   129

【L】
Lucas-Kanade 法   158
$L^*a^*b^*$ 色空間   7

【P】
p タイル法   79
PNG   11

【R】
RGB 表色系   3

【S】
Snakes   92

【T】
t 検定   117

【W】
Ward 法   129
Watershed 法   91

【X】
XYZ 表色系   6

【Y】
YC_bC_r 表色系   9
YIQ 表色系   3

【数字】
2 次元線形システム   32
2 次微分フィルタ   43
2 値化   78
3 原刺激   2
3 原色   2
6 角錐モデル   4

―― 著者略歴 ――

1982年　慶應義塾大学工学部計測工学科卒業
1989年　慶應義塾大学大学院博士課程修了（計測工学専攻），工学博士
1989年　慶應義塾大学助手
1993年　慶應義塾大学専任講師
2003年　慶應義塾大学助教授
2007年　慶應義塾大学准教授
2009年　慶應義塾大学教授
　　　　現在に至る

画像情報処理の基礎
Fundamentals of Image Information Processing　　ⓒ Toshiyuki Tanaka 2019

2019年6月13日　初版第1刷発行　　　　　　　　　　　　　　★

検印省略

著　者　田　中　敏　幸
発行者　株式会社　コロナ社
　　　　代表者　牛来真也
印刷所　三美印刷株式会社
製本所　有限会社　愛千製本所

112-0011　東京都文京区千石 4-46-10
発行所　株式会社　コロナ社
CORONA PUBLISHING CO., LTD.
Tokyo Japan

振替 00140-8-14844・電話(03)3941-3131(代)
ホームページ　http://www.coronasha.co.jp

ISBN 978-4-339-02895-9　C3055　Printed in Japan　　　　　（新宅）G

〈出版者著作権管理機構 委託出版物〉
本書の無断複製は著作権法上での例外を除き禁じられています。複製される場合は、そのつど事前に、出版者著作権管理機構（電話 03-5244-5088, FAX 03-5244-5089, e-mail: info@jcopy.or.jp）の許諾を得てください。

本書のコピー，スキャン，デジタル化等の無断複製・転載は著作権法上での例外を除き禁じられています。購入者以外の第三者による本書の電子データ化及び電子書籍化は，いかなる場合も認めていません。
落丁・乱丁はお取替えいたします。

シリーズ 情報科学における確率モデル

（各巻A5判）

■編集委員長　土肥　正
■編集委員　　栗田多喜夫・岡村寛之

	配本順			頁	本体
1	（1回）	統計的パターン認識と判別分析	栗田多喜夫／日高章理 共著	236	3400円
2	（2回）	ボルツマンマシン	恐神貴行 著	220	3200円
3	（3回）	捜索理論における確率モデル	宝崎隆祐／飯田耕司 共著	296	4200円
4	（4回）	マルコフ決定過程 ―理論とアルゴリズム―	中出康一 著	202	2900円
5	（5回）	エントロピーの幾何学	田中勝 著	206	3000円
6		確率システムにおける制御理論	向谷博明 著	近刊	
		システム信頼性の数理	大鑄史男 著		
		マルコフ連鎖と計算アルゴリズム	岡村寛之 著		
		確率モデルによる性能評価	笠原正治 著		
		ソフトウェア信頼性のための統計モデリング	土肥正／岡村寛之 共著		
		ファジィ確率モデル	片桐英樹 著		
		高次元データの科学	酒井智弥 著		
		リーマン後の金融工学	木島正明 著		

定価は本体価格+税です。
定価は変更されることがありますのでご了承下さい。

図書目録進呈◆

電子情報通信レクチャーシリーズ

■電子情報通信学会編　　（各巻B5判）

共通

	配本順			頁	本体
A-1	（第30回）	電子情報通信と産業	西村吉雄著	272	4700円
A-2	（第14回）	電子情報通信技術史 —おもに日本を中心としたマイルストーン—	「技術と歴史」研究会編	276	4700円
A-3	（第26回）	情報社会・セキュリティ・倫理	辻井重男著	172	3000円
A-4		メディアと人間	原島博 北川高嗣共著		
A-5	（第6回）	情報リテラシーとプレゼンテーション	青木由直著	216	3400円
A-6	（第29回）	コンピュータの基礎	村岡洋一著	160	2800円
A-7	（第19回）	情報通信ネットワーク	水澤純一著	192	3000円
A-8		マイクロエレクトロニクス	亀山充隆著		
A-9		電子物性とデバイス	益一哉 天川修平共著		

基礎

B-1		電気電子基礎数学			
B-2		基礎電気回路	篠田庄司著		
B-3		信号とシステム	荒川薫著		
B-5	（第33回）	論理回路	安浦寛人著	140	2400円
B-6	（第9回）	オートマトン・言語と計算理論	岩間一雄著	186	3000円
B-7		コンピュータプログラミング	富樫敦著		
B-8	（第35回）	データ構造とアルゴリズム	岩沼宏治他著	208	3300円
B-9		ネットワーク工学	仙田正和 石村裕共著 中野敬介		
B-10	（第1回）	電磁気学	後藤尚久著	186	2900円
B-11	（第20回）	基礎電子物性工学 —量子力学の基本と応用—	阿部正紀著	154	2700円
B-12	（第4回）	波動解析基礎	小柴正則著	162	2600円
B-13	（第2回）	電磁気計測	岩﨑俊著	182	2900円

基盤

C-1	（第13回）	情報・符号・暗号の理論	今井秀樹著	220	3500円
C-2		ディジタル信号処理	西原明法著		
C-3	（第25回）	電子回路	関根慶太郎著	190	3300円
C-4	（第21回）	数理計画法	山下信雄 福島雅夫共著	192	3000円
C-5		通信システム工学	三木哲也著		
C-6	（第17回）	インターネット工学	後藤滋樹 外山勝保共著	162	2800円
C-7	（第3回）	画像・メディア工学	吹抜敬彦著	182	2900円

配本順			頁	本体
C-8	(第32回)	音声・言語処理　広瀬啓吉著	140	2400円
C-9	(第11回)	コンピュータアーキテクチャ　坂井修一著	158	2700円
C-10		オペレーティングシステム		
C-11		ソフトウェア基礎		
C-12		データベース		
C-13	(第31回)	集積回路設計　浅田邦博著	208	3600円
C-14	(第27回)	電子デバイス　和保孝夫著	198	3200円
C-15	(第8回)	光・電磁波工学　鹿子嶋憲一著	200	3300円
C-16	(第28回)	電子物性工学　奥村次徳著	160	2800円

【展　開】

			頁	本体
D-1		量子情報工学		
D-2		複雑性科学		
D-3	(第22回)	非線形理論　香田徹著	208	3600円
D-4		ソフトコンピューティング		
D-5	(第23回)	モバイルコミュニケーション　中川正雄・大槻知明共著	176	3000円
D-6		モバイルコンピューティング		
D-7		データ圧縮　谷本正幸著		
D-8	(第12回)	現代暗号の基礎数理　黒澤馨・尾形わかは共著	198	3100円
D-10		ヒューマンインタフェース		
D-11	(第18回)	結像光学の基礎　本田捷夫著	174	3000円
D-12		コンピュータグラフィックス		
D-13		自然言語処理		
D-14	(第5回)	並列分散処理　谷口秀夫著	148	2300円
D-15		電波システム工学　唐沢好男・藤井威生共著		
D-16		電磁環境工学　徳田正満著		
D-17	(第16回)	VLSI工学 ―基礎・設計編―　岩田穆著	182	3100円
D-18	(第10回)	超高速エレクトロニクス　中村徹・三島友義共著	158	2600円
D-19		量子効果エレクトロニクス　荒川泰彦著		
D-20		先端光エレクトロニクス		
D-21		先端マイクロエレクトロニクス		
D-22		ゲノム情報処理		
D-23	(第24回)	バイオ情報学 ―パーソナルゲノム解析から生体シミュレーションまで―　小長谷明彦著	172	3000円
D-24	(第7回)	脳工学　武田常広著	240	3800円
D-25	(第34回)	福祉工学の基礎　伊福部達著	236	4100円
D-26		医用工学		
D-27	(第15回)	VLSI工学 ―製造プロセス編―　角南英夫著	204	3300円

定価は本体価格+税です。
定価は変更されることがありますのでご了承下さい。

図書目録進呈◆

計測・制御テクノロジーシリーズ

(各巻A5判,欠番は品切または未発行です)

■計測自動制御学会 編

	配本順		著者	頁	本体
1.	(9回)	計測技術の基礎	山﨑 弘郎／田中 充 共著	254	3600円
2.	(8回)	センシングのための情報と数理	出口 光一郎／本多 敏 共著	172	2400円
3.	(11回)	センサの基本と実用回路	中沢 信明／松井 利一／山田 功 共著	192	2800円
4.	(17回)	計測のための統計	寺本 顕武／椿 広計 共著	288	3900円
5.	(5回)	産業応用計測技術	黒森 健一 他著	216	2900円
6.	(16回)	量子力学的手法によるシステムと制御	伊丹・松井／乾・全 共著	256	3400円
7.	(13回)	フィードバック制御	荒木 光彦／細江 繁幸 共著	200	2800円
9.	(15回)	システム同定	和田・奥／田中・大松 共著	264	3600円
11.	(4回)	プロセス制御	高津 春雄 編著	232	3200円
13.	(6回)	ビークル	金井 喜美雄 他著	230	3200円
15.	(7回)	信号処理入門	小畑 秀文／浜田 望／村田 孝 共著	250	3400円
16.	(12回)	知識基盤社会のための人工知能入門	國藤 進／田中 久久／中山 彩 共著	238	3000円
17.	(2回)	システム工学	中森 義輝 著	238	3200円
19.	(3回)	システム制御のための数学	田村 捷利／武藤 康彦／笹川 徹史 共著	220	3000円
20.	(10回)	情報数学 ―組合せと整数およびアルゴリズム解析の数学―	浅野 孝夫 著	252	3300円
21.	(14回)	生体システム工学の基礎	福岡 豊／内山 孝憲／野村 泰伸 共著	252	3200円

定価は本体価格+税です。
定価は変更されることがありますのでご了承下さい。

図書目録進呈◆